图说物理

紧扣学科课内知识点

U0177747

走进神奇的物理

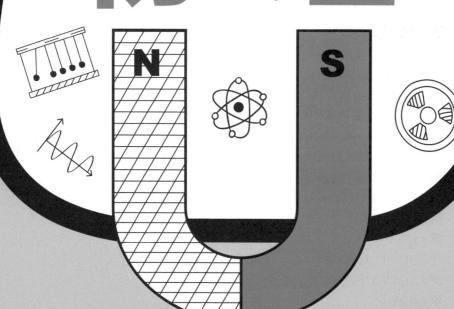

[新加坡] 新亚出版社 编著

吴国艳 译

华东理工大学出版社
EAST CHINA UNIVERSITY OF SCIENCE AND TECHNOLOGY PRESS

·上海·

图书在版编目（CIP）数据

走进神奇的物理 / 新加坡新亚出版社编著；吴国艳
译 . — 上海：华东理工大学出版社，2023.7（2024.8重印）
（新加坡系列图书）
书名原文：O–Level Physics Learning Through
Diagrams
ISBN 978-7-5628-7250-4

Ⅰ.①走… Ⅱ.①新… ②吴… Ⅲ.①物理学 – 青少
年读物 Ⅳ.①O4–49

中国国家版本馆 CIP 数据核字（2023）第 109259 号

著作权合同登记号：图字 09–2023–0000

- -

策划编辑 / 郭　艳
责任编辑 / 石　曼　郭　艳
责任校对 / 陈婉毓
装帧设计 / 居慧娜　王吉辰
出版发行 / 华东理工大学出版社有限公司
　　　　　地　址：上海市梅陇路130号，200237
　　　　　电　话：021-64250306
　　　　　网　址：www.ecustpress.cn
　　　　　邮　箱：zongbianban@ecustpress.cn
印　　刷 / 上海邦达彩色包装印务有限公司
开　　本 / 710mm×1000mm　1/16
印　　张 / 9.00
字　　数 / 137千字
版　　次 / 2023年7月第1版
印　　次 / 2024年8月第3次
定　　价 / 40.00元

- -

前 言

翻开这本书，它的内容真的很有趣：将抽象的物理知识和相关概念，通过生动形象的图像进行呈现，使初学物理的学生一看就懂，能够帮助学生更轻松、更有效地获取物理知识。

本书有以下 5 大特点：

体系化的章节编排

本书分为声学篇、光学篇、热学篇、力学篇、电学篇五大篇章，覆盖初中物理的全部内容，且在每个篇章中，章节的编排顺序和学生在课内学习的顺序是一致的。

本书既适合小学高年级或初一的学生在学习物理前，作为启蒙类科普图书学习使用，帮助他们提前了解初中物理课程体系；也适合初二、初三的学生在学习新课时，作为补充资料使用，借助图像帮助他们进一步体会物理知识。

有趣的知识图解

本书包含 160 幅图，比如实物图、概念图、流程图、原理图等，这些图使得复杂抽象的物理知识变得直观明了、有趣易懂，即使是尚未接触过物理的学生也能轻松理解。

真实的情境设置

书中的例子将向学生展示物理知识在实际生活中的应用，揭示日常生活中让学生充满疑问的现象的奥秘，拉近课本知识和我们日常生活的距离。

完整的案例解析

精心安排、完整详细的案例解析将帮助学生轻松掌握解决问题的技巧和步骤。

每个章节最后的"学以致用"，利用生活、生产以及前沿科技等素材创设问题情境，让学生在解决问题的过程中，加深对知识的理解，培养学生综合运用知识并解决问题的能力。

贴心的知识点补充

书中设有"知识加油站"小板块，对一些名词术语、拓展内容进行相应的说明和补充，帮助学生对正在讨论的话题有更深入的了解。

总之，这本书是初学物理的学生的理想之选。它将以有趣的方式引导学生进入物理的世界，为之后的学习打下坚实的学习基础，并激发学生对物理的好奇心和对科学的探究精神。

目 录

声学篇

光学篇

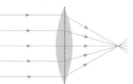

热学篇

力学篇

添加小助手为好友
免费加入初中数理化答疑群

声

学

篇

1.1 声音的产生与传播

 声音是怎么传到我们耳朵里的?

我们可以听到婉转的鸟鸣声、悠扬的琴声、动人的歌声、从扬声器里发出的声音……你有没有想过,这些声音是怎么被我们听到的?

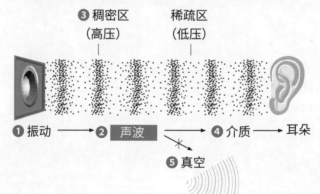

❸稠密区（高压）　　稀疏区（低压）

❶振动 ⟶ ❷ 声波 ⟶ ❹介质 ⟶ 耳朵
　　　　　　　　　 ✕
　　　　　　　　❺真空

❶ 当扬声器工作时,扬声器里的振膜会前后快速地振动。向前振动时,前方空气被压缩;向后振动时,前方空气变稀疏。
大量的观察、分析表明,**声音是由物体的振动产生的。**

❷ 声音在空气中以波的形式传播着,我们把它叫做声波。声波在空气中传播,引起了空气分子的振动,沿着波的方向会产生压力的变化。

❸ 高压稠密区和低压稀疏区交替出现,声波携带的能量通过介质进行传播。

❹ 声音可以在气体、液体和固体这些介质中传播。因此,在水中游泳时我们能听到声音,隔着墙壁我们也能听到对方的说话声。

❺ **声音的传播需要介质。**因此,我们在真空中听不到声音。

1.2 超声波与次声波

声可以怎样进行分类?

地震前，会有"牛羊驴马不进圈，老鼠搬家往外逃"的现象；蝙蝠通常只在夜间出来活动，但它们从来不会撞到墙壁上……这是因为这些动物可以听到人类听不到的声波。

我们可以按声的频率范围，对声进行分类：

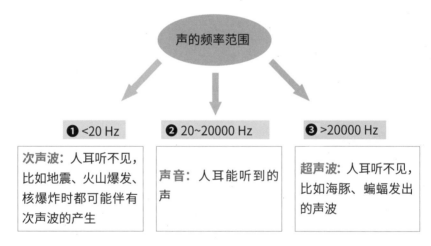

声的频率范围

❶ <20 Hz

次声波：人耳听不见，比如地震、火山爆发、核爆炸时都可能伴有次声波的产生

❷ 20~20000 Hz

声音：人耳能听到的声

❸ >20000 Hz

超声波：人耳听不见，比如海豚、蝙蝠发出的声波

声音、超声波、次声波统称声。

超声波在医学上的应用尤为广泛。例如常用来辅助医生进行诊断的 B 型超声检查（也就是我们常说的 B 超），就是利用超声波探头向病人体内发射超声波，随后接收体内脏器的反射波，反射波携带的信息经过处理后显示在屏幕上，从而可以获取病人身体内部的图像。

1.3 声波的反射与折射

声波的反射：只需要借助秒表，就能知道我们与悬崖之间的距离

知识加油站

声波在传播过程中，碰到大的反射面（如建筑物的墙壁、大山等），在界面处会发生反射，人们把能够与原声区分开的反射声波叫做回声。

多数情况下，我们只能听到一个回声，但在封闭的建筑物内（如学校的室内礼堂），大家可以试试看，会听到多少个回声呢？

如果这个封闭建筑物足够大，你就会发现，可以听到多个回声，而非一个明显的回声，这是因为声音在墙壁和天花板上发生了多重反射。

当多个回声合并时，我们会听到延长的声音，这就是**混响**现象。混响时间太长会使声音变模糊，混响时间太短则会使声音变单薄。

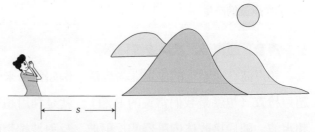

利用回声的相关知识，只需要借助秒表，就能知道我们与悬崖之间的距离。

$$s = \frac{vt}{2}$$

式中，v 是空气中的声速；s 是观察者与悬崖之间的距离；t 是声音在观察者与悬崖之间往返的时间。

声波的反射：超声波也可以是一把"尺"

想要测量海底的深度，但海水过深，直接测量肯定行不通，那该怎么测量呢？在了解了超声波和次声波后，人们就想到了利用超声波定向性好、可以反射的特点来测量海底的深度。

次声波具有较强的穿透能力，既能穿透空气、海水，也能穿透飞机、坦克，而无法从海底反射回来，所以不用次声波测量海底深度。

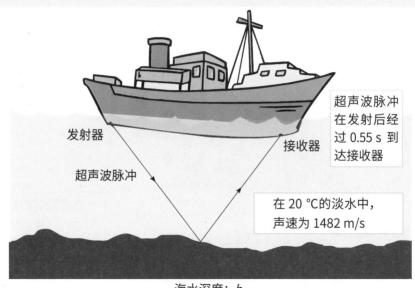

超声波脉冲在发射后经过 0.55 s 到达接收器

发射器

接收器

超声波脉冲

在 20 ℃的淡水中，声速为 1482 m/s

海水深度：h

总距离：$2h$（海底往返）

$2h = v \times t$
$\quad = 1482\ \text{m/s} \times 0.55\ \text{s}$
$\quad = 815.1\ \text{m}$

$h = 407.55\ \text{m}$

声波的折射：同样的声音，在夜晚会比在白天传播得更远

当夜幕降临，你会发现远处的声音也能听得很清楚。你可能会觉得，这是因为夜晚比白天安静，所以很容易听见远处的声音。但这只是其中的一部分原因，其实声音传播的远近程度与声波的折射也有关系！

知识加油站

声波在热空气中传播得较快，在冷空气中传播得较慢。

❶ 声波向高空折射

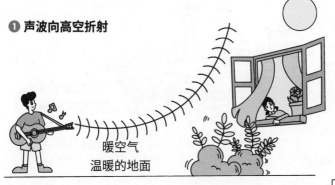

暖空气
温暖的地面

与温度较高的白天相比，同样的声音在温度较低的夜晚能传播得更远

❷ 声波向地面折射

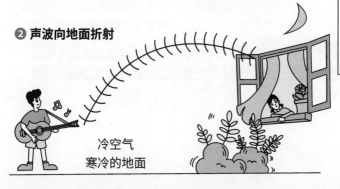

冷空气
寒冷的地面

❶ 在温度较高的白天，靠近地面的空气的温度比上层空气的温度更高。由于声波在温度较高的空气中传播速度更快，声波会向高空折射。

❷ 在温度较低的夜晚，靠近地面的空气的温度比上层空气的温度更低。由于声波在温度较低的空气中传播速度更慢，声波会向地面折射。

　　因此，与温度较高的白天相比，同样的声音在温度较低的夜晚能传播得更远。

1. 下列能说明声音的传播需要介质的现象是（　　）。

A. 蝙蝠利用超声波定位

B. 倒车雷达利用超声波探测障碍物

C. 利用超声波清洗眼镜

D. 闹钟在抽气的玻璃罩内振动，
但听到的声音越来越弱

2. 北宋的科学家沈括在他的著作《梦溪笔谈》中记载："古法以牛革为矢服，卧则以为枕，取其中虚，附地枕之，数里内有人马声，则皆闻之，盖虚能纳声也。"其描述的意思是行军宿营，士兵枕着牛皮制的箭筒睡在地上，可尽早听到来袭的敌人的马蹄声。睡在地上能尽早听到马蹄声的主要原因是（　　）。
   A. 声音在土地中的传播速度比在空气中快
   B. 马蹄声的音调变高了
   C. 改变了马蹄声的音色
   D. 提高了士兵的听力

3. 如图所示，水面上的两条船相距 4.5 km，小昔在一条船上敲响水里的一口钟，同时点燃船上的蜡烛使其发光；另一条船上的明明在通过望远镜看到蜡烛发光后过了 3 s，通过水里的听音器听到了水下的钟声，由此可以计算出声音在水中的传播速度为_____ m/s。

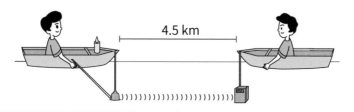

4.5 km

光

学

篇

2.1 光的反射

 反射定律：我们为什么能够看清不发光的物体？

光遇到许多物体的表面（如镜面、水面等）都会发生反射。我们能够看见不发光的物体，就是因为物体反射的光进入了我们的眼睛。

📍 **知识加油站**

光的反射定律：

- 入射光线、反射光线和法线都在同一平面内；
- 入射光线、反射光线分别位于法线两侧；
- 入射角等于反射角。

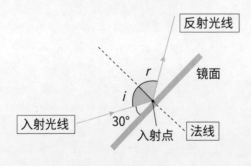

入射角 i = 反射角 r

已知入射光线与镜面的夹角，求反射角的步骤：

❶ 过入射点作垂直于镜面的法线。

❷ 法线与入射点所在的反射面垂直。因此，入射角 $i = 90° - 30° = 60°$。

❸ 根据反射定律，可得入射角等于反射角。因此，反射角 r 也为 $60°$。

反射的两种类型：镜面反射和漫反射

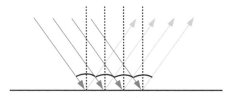 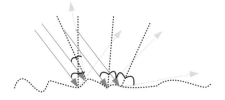

镜面反射	漫反射

在光滑表面上的反射

- 平行光线照射到物体表面上时，入射角都相等。
- 由于表面是光滑的，因此所有光线形成的反射角也都是相等的，可以形成清晰的像。
- 这种反射现象称为**镜面反射**。
- 镜面或平静的水面就是常见的光滑表面。
- 举例：在教室某些位置看黑板，只看到一片光亮，看不清黑板上的粉笔字。

在粗糙表面上的反射

- 由于物体的表面粗糙，因此平行光线照射到物体表面时，入射角都不同。
- 光线会以不同的角度反射出去，无法形成清晰的像。
- 这种反射现象称为**漫反射**。
- 墙壁或纱布的表面就是常见的粗糙表面。
- 举例：电影院里坐在不同位置上的观众都能看到荧幕上的画面。

注意：漫反射也是遵循光的反射定律的。

2.2 平面镜成像

平面镜的后面也有物体吗？

当我们通过平面镜观察物体时，我们会感觉平面镜的后面有一个一模一样的物体，这是真实存在的吗？

试一试通过平面镜观察字母，你会惊奇地发现，平面镜中的字母的顺序和方向都发生了翻转。

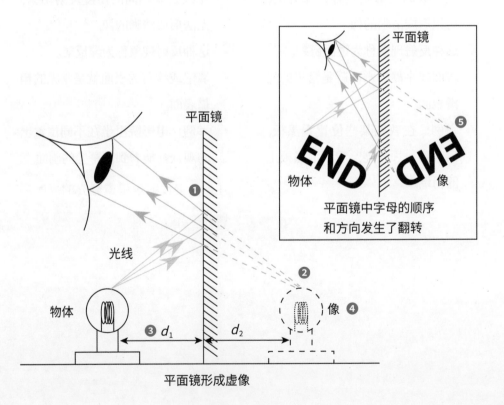

平面镜中字母的顺序和方向发生了翻转

平面镜形成虚像

❶ 光线的反射

光线实际上不会穿过镜子，只是在观察者看来，光线好像是从镜子后面发出的。

❷ 虚像

像不能投射或显现在屏幕上，它的位置在平面镜的后面，因此是虚像。

❸ 像到平面镜的距离

像到平面镜的距离与物体到平面镜的距离相等（$d_1 = d_2$）。

也就是说，如果将灯泡放在离平面镜 2 m 远的地方，灯泡的虚像将在镜子后面 2 m 处形成。

❹ 像的大小

像的大小与物体的大小相同。

若灯泡的高度为 10 cm，则形成的像的高度与灯泡的高度相同，也为 10 cm。

❺ 像的翻转

像的方向虽然会左右翻转，但不会上下翻转。

我们应怎样确认平面镜所成的像的位置呢？这时候就需要我们画出光路图。画光路图依据的原理就是**反射定律**。

　　画平面镜成像的光路图步骤：

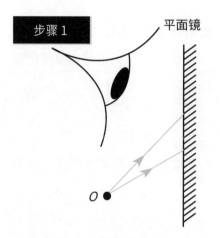

从物体 O 出发画两条射线，作为入射光线。

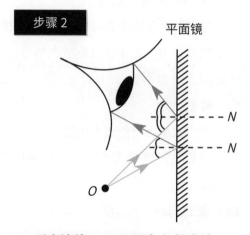

画出法线 N 以及两条入射光线的反射光线。

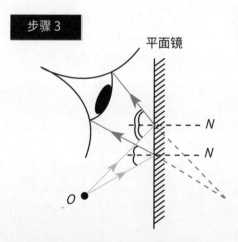

画出反射光线的反向延长线，相交于一点。

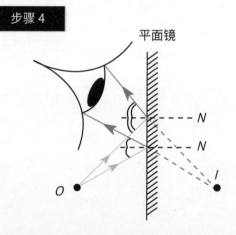

它们的相交点 I 即物体 O 在平面镜中成的像。

平面镜的应用——国外的救护车前面的英文字母为什么要倒着写？

为什么救护车前面的字母是倒着写的？

其实这是平面镜的一种应用。救护车前面的"AMBULANCE"是倒着写的，而**救护车前面的车辆可以通过车内的后视镜**看到正向的词，从而提醒他们尽快让开道路。

我们可以画一个光路图，从光路图中明显可以看出"AMBULANCE"这个词被司机看到时方向是正确的。

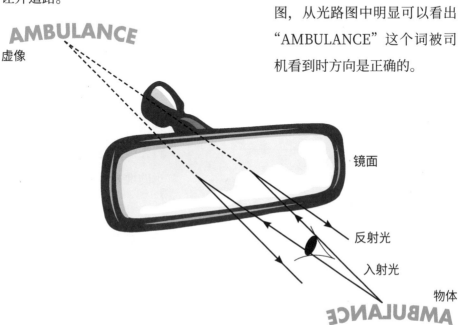

虚像

镜面

反射光

入射光

物体

凸面镜

❶ 广角镜

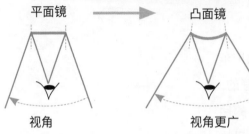

❶ 广角镜

汽车的后视镜和街头路口的反光镜都采用凸面镜作为广角镜，起到扩大视野的作用。

凹面镜

❷ 反射器

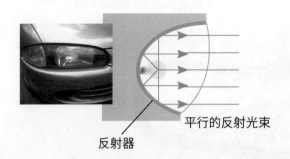

平行的反射光束

反射器

❷ 反射器

汽车前灯和手电筒的反光装置中会使用凹面镜作为反射器。它会产生一束平行光线，使得光线传播到更远的地方。

❸ 口镜

❸ 口镜

牙医使用的口镜是一种凹面镜，会成放大、直立的像，帮助医生进行检查。

2.3 光的折射

有经验的渔民都知道，叉鱼的时候只有瞄准鱼的下方才能叉到鱼；筷子放入水中，似乎被水"折断"了；诗句"潭清疑水浅"的意思是清澈的水潭看起来变浅了。这些其实都可以用光的折射现象来解释。

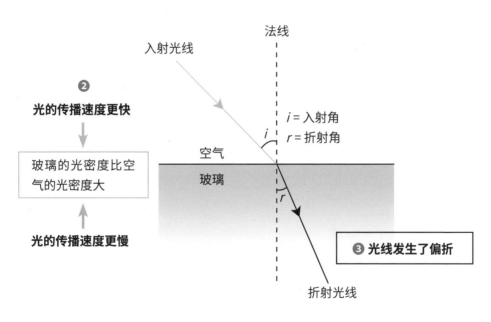

❶ **光的折射**是指当光从一种介质斜射入另一种介质时，传播方向发生了改变，从而使光线在不同介质的交界处发生偏折的现象。

❷ 在**光密度较小的介质**中，光的传播速度**更快**。

❸ 通过介质后光线会发生**偏折**，折射发生在两种介质的交界处。

不同情况下光线的折射情况：

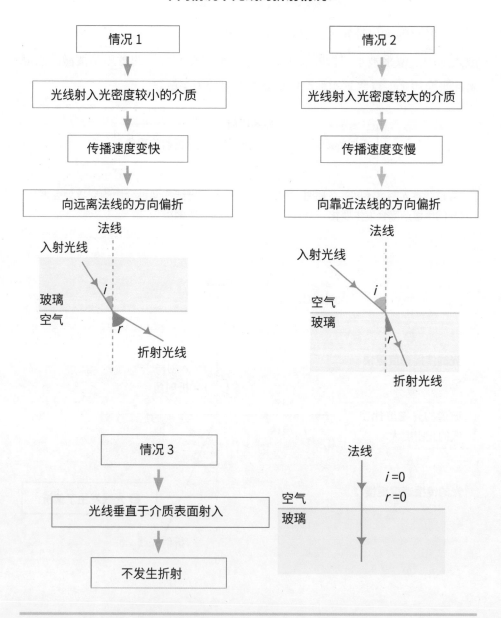

2.4 光的色散

白光就是单色光吗?

一束白光通过三棱镜，会被分解成七种色光。同理，被分解后的色光也可以混合在一起成为白光。

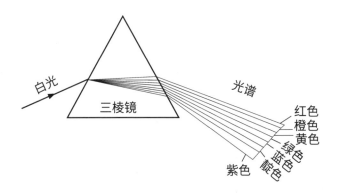

- 白光是由**红、橙、黄、绿、蓝、靛、紫**七种色光混合而成的。
- 白光通过折射可以分解出彩色的光谱，这一现象被称为**光的色散**。
- 可以利用三棱镜来显示白光的色散情况：
  - （a）当白光斜射入三棱镜时，会发生折射现象。
  - （b）分解出的七种色光都以不同的角度发生折射。
  - （c）光线从三棱镜的另一侧射出时，会再次发生折射，不同色光的角度差变得更加明显。
  - （d）七种颜色的光谱由此生成。
- 折射角的大小：红光 > 橙光 > 黄光 > 绿光 > 蓝光 > 靛光 > 紫光。

物体的颜色是由什么决定的？

- **红、绿、蓝**是色光的**三原色**，它们不可再分解。

  次生色是指三原色中的任意两种混合而成的颜色。红色和绿色混合形成黄色，绿色和蓝色混合形成青色，蓝色和红色混合形成品红色。

- 三原色以相同的比例混合且达到一定的强度，就形成**白光**。

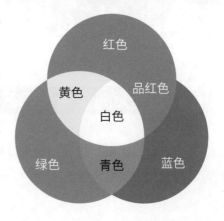

 知识加油站

　　透明物体的颜色是由它能够透过的色光决定的，不透明物体的颜色是由它反射的色光决定的。物体反射与自己颜色相同的色光，吸收与自己颜色不同的色光。对于三原色物体，由于色光不可再分解，故反射的是其本身的颜色；对于次生色物体，由于色光可分解，故会先将色光分解为三原色，再反射色光。特别地，白色物体能反射所有的色光，黑色物体能吸收所有的色光。

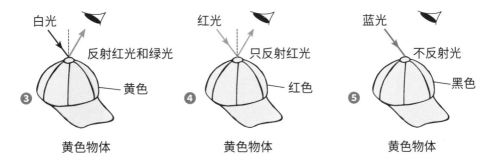

- **对于三原色物体而言：**

❶ 当白光照射到一个红色物体上时，只有红光被反射，其他色光都被吸收了。因此，只有红光射入我们的眼睛，我们眼中这个物体就呈红色。

❷ 然而，当蓝光照射到该红色物体上时，蓝光被吸收，不反射任何色光，因此，我们眼中这个物体便呈黑色。

- **对于次生色物体而言：**

❸ 当白光照射到一个黄色物体上时，只有红光和绿光被反射，其他色光都被吸收了。因此，红光和绿光混合射入我们的眼睛，而红光和绿光混合产生的是黄光，故我们眼中该物体呈黄色。

❹ 然而，如果只有红光照射到该物体上，被反射的只有红光，因此，我们眼中该物体呈红色。

❺ 同理，如果蓝光照射到该物体上，蓝光被吸收，不反射任何色光，因此，我们眼中这个物体呈黑色。

1. 如图所示是小理站在墙后，从他的头部发出的光线与平面镜成 40° 的角。
   当小华站在墙的另一边的恰当位置时，他可以看见小理。

   在图中，
   （1）画出入射光线的反射光线；
   （2）画出小华站的位置，使得他恰好
   可以看见小理；
   （3）写出入射角和反射角的大小。

2. 自然界中有一种鱼，它有一种独特的捕猎方式。如图 A 所示，它会向上
   喷射水柱，打掉低矮树枝上的昆虫，昆虫就会落入水中，被它吃掉。

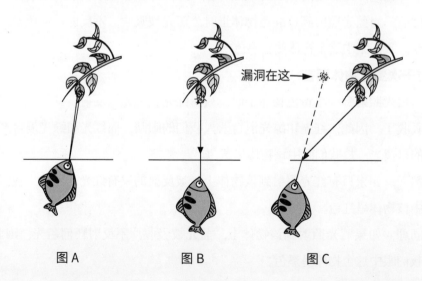

图 A   图 B   图 C

   （1）根据图 B，解释为什么这种鱼总是从昆虫正下方的位置喷出水柱。
   （2）这种鱼如果按图 C 所示的方式喷出水柱，能打掉树枝上的昆虫吗？
       请你解释原因。

第三章 透镜及其应用

3.1 透镜

透镜的分类及关键要素

生活中我们经常会用到眼镜、照相机、投影仪等光学仪器，它们的主要部件都是透镜。透镜一般可分为两大类：凸透镜和凹透镜。

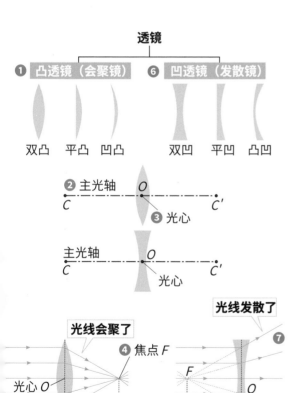

❶ 凸透镜中间较厚，边缘较薄。

❷ 通过两个球面球心的直线叫做**主光轴**，简称主轴。

❸ 主轴上有个特殊的点，通过这个点的光传播方向不变，这个点叫做透镜的**光心**，用 O 表示。如果透镜的厚度远小于球面的半径，这种透镜就叫做薄透镜，可以认为薄透镜的光心就在透镜的中心。

❹ 靠近主光轴的平行光线经过凸透镜后向内折射并会聚到一点，这个点叫做凸透镜的**焦点**，用 F 表示。

❺ 焦点到透镜光心的距离叫做焦距，用 f 表示。

❻ 凹透镜中间较薄，边缘较厚。

❼ 靠近主光轴的平行光线经过凹透镜后向外折射，变为发散光束，看上去像是从凹透镜的焦点处射过来的。

透镜的光路图怎么画?

对于透镜来说,画光路图时,要牢牢把握凸透镜和凹透镜三条特殊光线的作图规则。

凸透镜	凹透镜

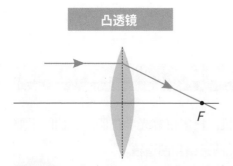

规则 1 平行于主光轴的光线经凸透镜折射后总会通过焦点 F。

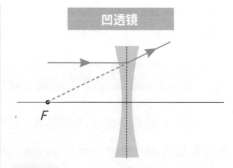

规则 1 平行于主光轴的光线经凹透镜折射后,其反向延长线过焦点 F。

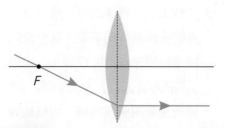

规则 2 经过焦点 F 的光线,经凸透镜折射后平行于主光轴。

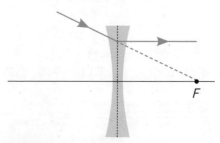

规则 2 延长线过焦点 F 的光线,经凹透镜折射后平行于主光轴。

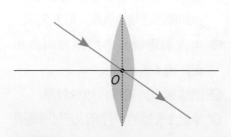

规则 3 经过光心 O 的光线,经凸透镜折射后传播方向不变。

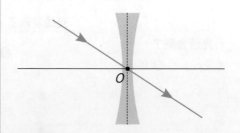

规则 3 经过光心 O 的光线,经凹透镜折射后传播方向不变。

3.2 凸透镜成像的规律

 像的虚实、大小、正倒跟物距有什么关系呢？

虽然照相机和投影仪都能成倒立的实像，但成像时物体离凸透镜的距离（物距）不同，所以成像的大小也不同。实践表明，像的虚实、大小、正倒跟物距有关系。

物距 u	光路图	成像特征
$u < f$		• $v > u$（v 表示像距） • 虚像 • 正立 • 放大 • 物像同侧
$u = f$		不成像
$f < u < 2f$		• $v > 2f$ • 实像 • 倒立 • 放大 • 物像异侧
$u = 2f$		• $v = 2f$ • 实像 • 倒立 • 等大 • 物像异侧
$u > 2f$		• $f < v < 2f$ • 实像 • 倒立 • 缩小 • 物像异侧

3.3 生活中的透镜

✳ 放大镜、照相机的工作原理

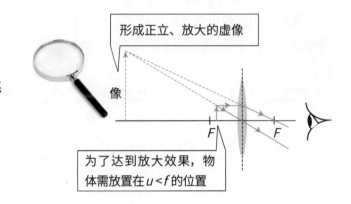

形成正立、放大的虚像

放大镜

放大镜是一种短焦距的凸透镜。

像

F F

为了达到放大效果，物体需放置在 $u<f$ 的位置

照相机

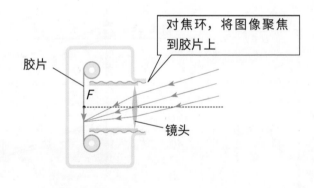

对焦环，将图像聚焦到胶片上

胶片

F

镜头

如果拍摄远距离的物体，可以利用对焦环将镜头向靠近胶片的方向调整，使镜头的焦点落在胶片上。

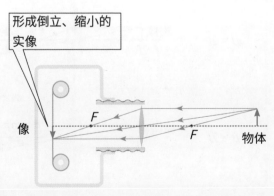

形成倒立、缩小的实像

像 F F 物体

如果拍摄近距离的物体，可以利用对焦环将镜头向远离胶片的方向调整，使 $v>f$。

3.4 显微镜和望远镜

✻ 透镜在光学设备中的应用

显微镜

复式显微镜使用两个或更多的透镜来观察微小物体，从而得到放大的图像。

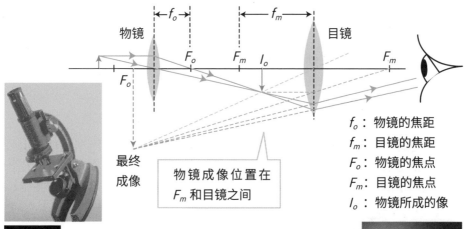

物镜成像位置在 F_m 和目镜之间

f_o：物镜的焦距
f_m：目镜的焦距
F_o：物镜的焦点
F_m：目镜的焦点
I_o：物镜所成的像

望远镜

通过望远镜观察远处物体能得到放大的图像，望远镜可用于观测行星和恒星等。

物镜形成的像位于物镜和目镜的共同焦点处

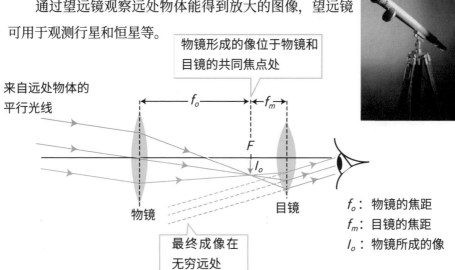

最终成像在无穷远处

f_o：物镜的焦距
f_m：目镜的焦距
I_o：物镜所成的像

1. 炎炎夏日，汽车停在露天停车场，如果把装满水的矿泉水瓶留在车内，太阳光透过矿泉水瓶后就可能会把汽车内的易燃物引燃。这是因为这瓶水（ ）。
   A. 相当于一个凸透镜，有会聚光线的作用
   B. 相当于一个凸透镜，有发散光线的作用
   C. 相当于一个凹透镜，有会聚光线的作用
   D. 相当于一个凹透镜，有发散光线的作用

2. 随着科技的发展，我们进入了"刷脸"时代。"刷脸"时人脸面对摄像头（相当于一个凸透镜），经系统自动拍照、扫描、确认相关信息后，即可快速完成身份认证。在拍照过程中（ ）。
   A. 人脸是光源
   B. 人脸经摄像头成倒立、缩小的实像
   C. 人脸经摄像头成像的原理与平面镜的成像的原理相同
   D. 人脸应保持在摄像头的一倍焦距与两倍焦距之间

3. 远处的物体经汽车的摄像头成倒立、_____ 的实像。汽车经过盘山公路的急转弯处时，可通过路边的凸面镜来观察另一方的来车情况。在如图所示的弯道上，最适合安装凸面镜的位置是 ____ 处（选填图中字母）。

热

学

篇

4.1 温度

温度的测量

　　温度的测量需要借助温度计，目前市面上常见的温度计一般有三种：水银温度计、红外线温度计以及电子温度计。其中水银温度计在我们日常生活中最为常见，它的测量原理是水银的热胀冷缩，玻璃泡内的水银遇热膨胀会沿着毛细管上移，遇冷收缩会沿着毛细管下移。

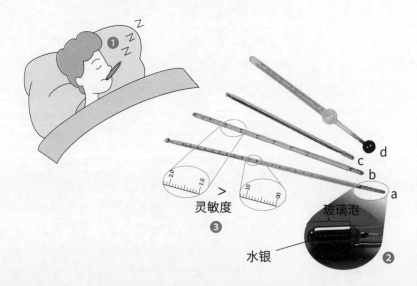

灵敏度

❸

玻璃泡

水银

❷

❶ 水银温度计对**温度的变化**很敏感。玻璃管上有标准刻度，当管内水银柱的高度随温度发生变化时，我们即可通过刻度读取对应的温度。

❷ 为了提升灵敏度，温度计的末端通常有一个装着大部分水银的**玻璃泡**，在**孔径极窄**的玻璃管内，玻璃泡的膨胀和收缩就会被放大。
水银上面的空间可以是真空的，也可以用氮气填充。

❸ 温度计 a 可以检测到 1 ℃ 的变化，温度计 b 可以检测到 0.1 ℃ 的变化，因此温度计 b 比温度计 a 更灵敏。然而，温度计 b 最高只能测量 3.0 ℃ 的温度，而温度计 a 可以测量高达 100 ℃ 的温度。因此，要选择合适的温度计，才能确保你想测量的温度在温度计的测量范围内。

 玻璃温度计

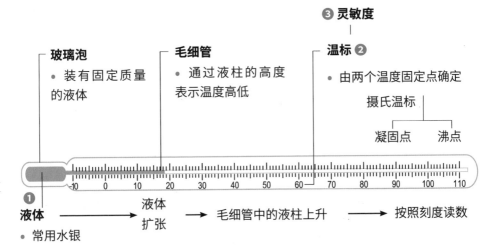

玻璃泡
- 装有固定质量的液体

毛细管
- 通过液柱的高度表示温度高低

❸ **灵敏度**

温标 ❷
- 由两个温度固定点确定

  摄氏温标

  凝固点   沸点

❶ **液体**
- 常用水银

液体 → 液体扩张 → 毛细管中的液柱上升 → 按照刻度读数

❶ 使用的**液体**应具有以下特点：

清晰可见；在较宽的温度范围内均匀而迅速地膨胀或收缩；在膨胀或收缩的过程中不会粘在毛细管的玻璃壁上。

水银被普遍使用是因为水银：

导热性能好；沸点高；受热时均匀地膨胀；呈不透明状，清晰可见。

❷ 设定两个温度固定点为**温标的高点和低点**。

这两个固定点：

- 低点为凝固点，液体凝固形成固体时的温度。

- 高点为沸点，液体沸腾时的温度。

❸ 要提高温度计的**灵敏度**可以使用：

- 孔径更窄的毛细管。

- 更小的玻璃管。

- 管壁更薄的玻璃感温泡。

4.2 物态变化

 ## 液化和凝固

到了夏天，从冰箱里取出饮料瓶，可以观察到瓶子的表面有小水滴，放置一段时间后，小水滴消失了，再将饮料瓶放到冰箱里，不久又会形成小水滴；将装有水的冰盒放入冰箱中冷藏，过了一夜再取出，可以发现水已经变为了冰。

知识加油站

随着温度的变化，物质会在固、液、气三种状态之间变化，物质各种状态间的变化叫做**物态变化**，也叫做**相变**。

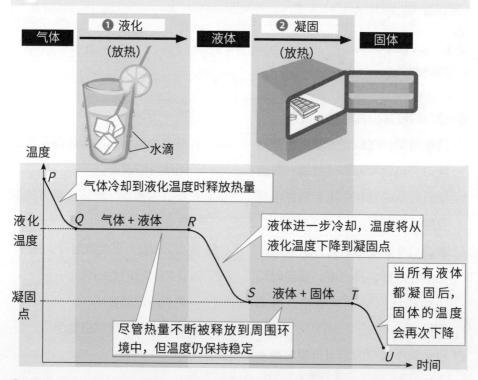

❶ 气体从点 Q 处开始**液化**。到点 R 处时，所有气体都液化成了液体。

❷ 液体从点 S 处开始**凝固**。到点 T 处时，所有液体都凝固成了固体。

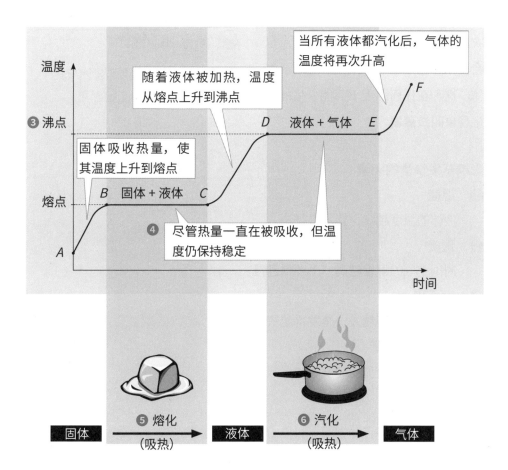

❸ 物质在特定的温度时会发生相变。如物质汽化沸腾时的温度为沸点。

❹ 相变过程中，热能被转移。尽管发生热能转移，但温度仍保持不变。

❺ 该固体在点 B 处开始**熔化**。到点 C 处时，所有固体都熔化成了液体。

❻ 液体在点 D 处开始**汽化**，到点 E 处时，所有液体都变成了气体。

汽化的两种形式——蒸发和沸腾

洒了水的地面、晒在阳光下的湿衣服，即使温度没有达到水的沸点也会变干。这是由于水汽化，变成了气体。这种在任何温度下都能发生的汽化现象叫做蒸发。

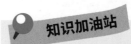

知识加油站

蒸发和沸腾是汽化的两种形式。

影响蒸发快慢的因素

❶ **温度**
液体的温度越高，蒸发得越快。

❷ **湿度**
周围空气的湿度越高，蒸发得越慢。

❸ **表面积**
液体的表面积越大，蒸发得越快。

❹ **空气流动速度**
液面上方空气流动速度越快，蒸发得越快。

❺ **压强**
降低大气压强能加快蒸发。

❻ **液体的性质**
液体的沸点越低，蒸发得越快。

沸腾和蒸发的区别

沸腾	蒸发
在固定的温度下发生	在任何温度下都能发生
在液体内部和表面同时发生	只在液体表面发生
沸腾时，液体温度保持不变	蒸发时，液体放出热量，温度下降
沸腾时会产生气泡	蒸发时不会产生气泡
状态是剧烈的	状态是缓慢的

1. 某实习护士分别用两支体温计给两位病人测量体温，读数都是 38.5 ℃。因病人多，护士一时粗心，忘记将体温计先甩一甩，用酒精擦拭后便直接拿这两支体温计去测量另外两位病人的体温。如果后两位病人的实际体温分别是 36.5 ℃ 和 39.5 ℃，那么这两支体温计的读数将分别为（   ）。
   A. 36.5 ℃、39.5 ℃   B. 38.5 ℃、38.5 ℃
   C. 39.5 ℃、39.5 ℃   D. 38.5 ℃、39.5 ℃

2. "赏中华诗词，寻文化基因，品生活之美"的《中国诗词大会》，深受观众青睐。下列对诗句中涉及的热现象解释正确的是（   ）。
   A. "已是悬崖百丈冰"，冰的形成是凝华现象
   B. "露似真珠月似弓"，露的形成是液化现象
   C. "斜月沉沉藏海雾"，雾的形成是汽化现象
   D. "霜叶红于二月花"，霜的形成是凝固现象

3. 下列四个实例中，能够加快蒸发的是（   ）。
   A. 将水果放在低温冷藏柜中
   B. 将新鲜的蔬菜封装在保鲜袋中
   C. 给播种后的农田覆盖地膜
   D. 将新采摘的辣椒摊开，晾晒在阳光下

4. 国家速滑馆（又称"冰丝带"）采用的二氧化碳跨临界直冷制冰技术是目前最先进、最环保的制冰技术之一。这种技术的原理是在冰面下铺满制冰管，使液态二氧化碳在制冰管中流动，当液态二氧化碳 _____（填物态变化的名称）为气态二氧化碳时，会从周围吸热，使温度降低，水就会结冰，并且使冰面保持一定的温度。

第五章 热和能、能源

5.1 比热容

✳ 比热容

物质的**比热容**（c）是指将质量为 1 kg 的某种物质的温度提高 1 ℃所需的热量，其单位为 J/（kg·℃）。

$$比热容\ c = \frac{Q}{m\Delta t}$$

其中，Q 是热能，单位为 J；m 是质量，单位为 kg；Δt 是温度变化量，单位为 ℃。

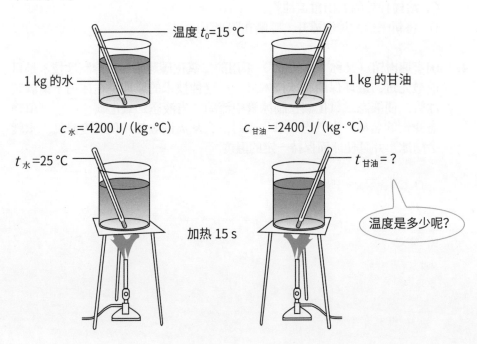

加热 15 s 后，水吸收的热量为

$Q = cm\Delta t$

$\quad = 4200\,\text{J}/(\text{kg}\cdot{}^\circ\text{C}) \times 1\,\text{kg} \times 10\,{}^\circ\text{C}$

$\quad = 42000\,\text{J}$ ——————❶

$\Delta t = 25\,{}^\circ\text{C} - 15\,{}^\circ\text{C}$

$\quad = 10\,{}^\circ\text{C}$

甘油吸收的热量为 $Q = cm\Delta t$

$\Delta t = \dfrac{Q}{cm}$

$\quad = \dfrac{42000\,\text{J}}{2400\,\text{J}/(\text{kg}\cdot{}^\circ\text{C}) \times 1\,\text{kg}}$

$\quad = 17.5\,{}^\circ\text{C}$

❷ 甘油的最终温度

$t_{\text{甘油}} = 15\,{}^\circ\text{C} + 17.5\,{}^\circ\text{C}$

$\quad = 32.5\,{}^\circ\text{C}$

❶ 质量相同的两种物质，加热时间都为 15 s，所以它们吸收的热量相等。

❷ 甘油的比热容比水小，因此甘油的温度变化比水大。

 ## 解决与比热容相关的问题

根据下面的温度随时间变化的曲线，请你判断一下，A 物体是什么材质的？

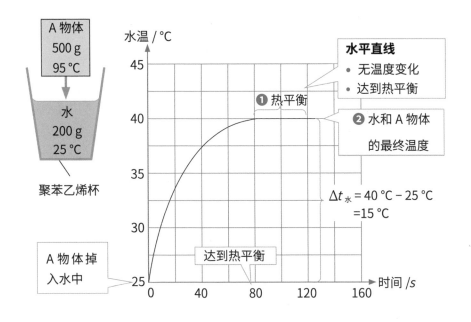

水损失的热量为

$$Q_{损失} = c_水 m_水 \Delta t_水$$
$$= 4200\,J/(kg\cdot°C) \times 0.2\,kg \times 15\,°C$$
$$= 12600\,J$$

❸ A 物体吸收的热量 $Q_{吸收} = c_A m_A \Delta t_A$

$$c_A = \frac{Q_{吸收}}{m_A \Delta t_A}$$

$$= \frac{12600\,J}{0.5\,kg \times 55\,°C}$$

$\Delta t_A = 95\,°C - 40\,°C$
$= 55\,°C$

$$\approx 458\,J/(kg\cdot°C)$$

❹ 因此，A 物体很
可能是铁。

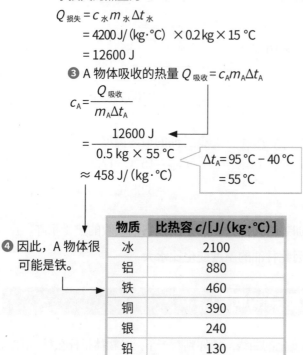

物质	比热容 c/[J/(kg·°C)]
冰	2100
铝	880
铁	460
铜	390
银	240
铅	130

❶ 水和 A 物体之间没有热量的传递，它们处于热平衡状态。

❷ 在热平衡状态下，水和 A 物体的温度相同。

❸ 假设没有热量损失到周围环境中，由于水和 A 物体之间的传热速率相同，
因此水损失的热量等于 A 物体吸收的热量。

❹ 铁的比热容最接近计算出的 c_A。

比热容的应用

　　海水的比热容较大，所以当白天温度升高时，海水的升温是比较慢的，到晚上时，降温也比较慢，海水的温度变化不大，海边的气温变化也不大，这就形成了四季如春的海洋性气候；而在沙漠，由于沙石的比热容较小，吸收同样的热量，温度会上升很多，所以沙漠的昼夜温差很大；培育秧苗时，晚上往田地里充水，早上放掉，是利用水的比热容大对秧苗进行保温。这些都是我们生活中对比热容的应用。

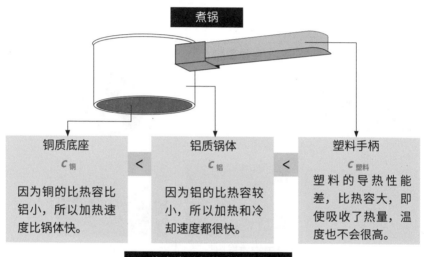

煮锅

铜质底座 $c_铜$		铝质锅体 $c_铝$		塑料手柄 $c_塑料$
因为铜的比热容比铝小，所以加热速度比锅体快。	<	因为铝的比热容较小，所以加热和冷却速度都很快。	<	塑料的导热性能差，比热容大，即使吸收了热量，温度也不会很高。

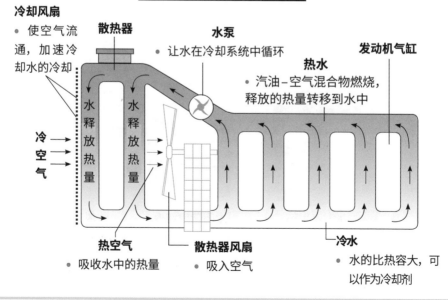

汽车发动机的冷却系统

冷却风扇
• 使空气流通，加速冷却水的冷却

散热器

水泵
• 让水在冷却系统中循环

发动机气缸

热水
• 汽油–空气混合物燃烧，释放的热量转移到水中

冷空气

水释放热量　水释放热量

热空气
• 吸收水中的热量

散热器风扇
• 吸入空气

冷水
• 水的比热容大，可以作为冷却剂

电的产生

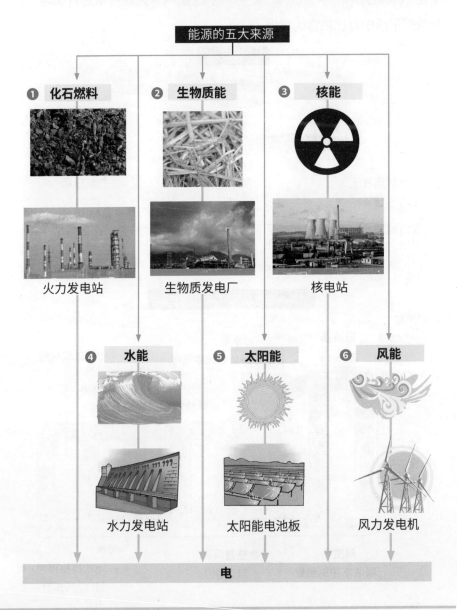

能源的五大来源

❶ **化石燃料**

火力发电站

❷ **生物质能**

生物质发电厂

❸ **核能**

核电站

❹ **水能**

水力发电站

❺ **太阳能**

太阳能电池板

❻ **风能**

风力发电机

电

❶ 化石燃料

煤、石油、天然气等化石燃料是由动物或植物的残骸经过数百万年沉积形成的。

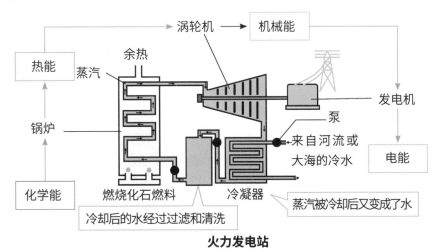

火力发电站

❷ 生物质能

生物质是指通过光合作用而形成的各种有机体，包括所有的动植物和微生物，如农业残余物、纸浆/造纸厂残余物、城市木材废料、森林残余物、能源作物、垃圾填埋场的沼气和动物粪便等。生物质能就是以生物质为载体的能量。

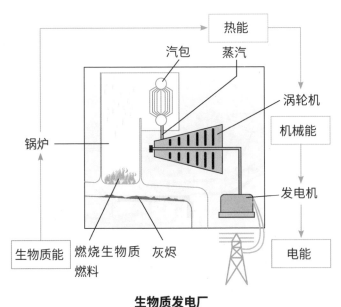

生物质发电厂

❸ 核能

质量较大的原子核发生分裂或者质量较小的原子核相互结合，释放出的能量就是核能。

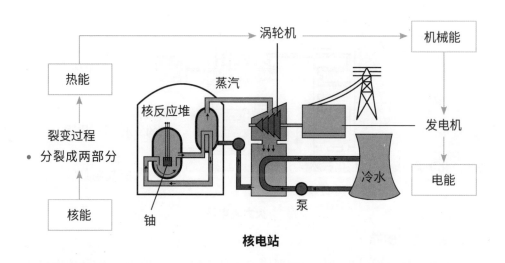

核电站

❹ 水能

水能是指水体的动能、势能和压力能等能量资源，主要用于水力发电。

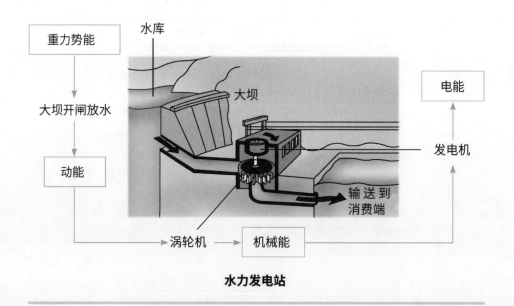

水力发电站

❺ 太阳能

太阳能是指太阳的热辐射能，主要表现就是常说的太阳光线。

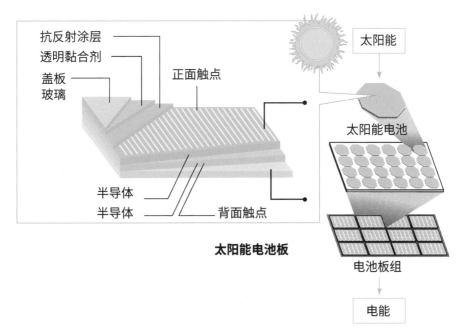

太阳能电池板

❻ 风能

风能是指空气流动所产生的动能，是太阳能的一种转化形式。

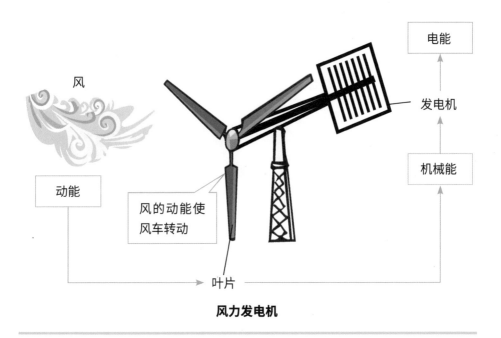

风力发电机

1. 小刚去店里吃米线，发现碗里的热汤上面有一层油膜，而且汤上面没有冒"热气"，但把米线放入汤中，不用加热就能煮熟，香气四溢。下列分析正确的是（　　）。
   A. 汤上面没有冒"热气"是因为汤的温度比较低
   B. 米线放入汤中后吸收热量，是因为汤含有的热量比米线含有的热量多
   C. 米线香气四溢，表明扩散只在气体中进行
   D. 在米线的煮熟过程中，主要是通过热传递的方式改变了米线的内能

2. 下列现象中，不能用比热容知识来解释的是（　　）。
   A. 春天的夜晚，农民往稻田里灌水以防秧苗被冻坏
   B. 炎热的夏天，洒水车常常在道路上洒水
   C. 城市修建人工湖以降低"热岛效应"造成的夏季高温
   D. 汽车发动机的冷却循环系统用水作冷却剂

3. 小黄车、小绿车、小蓝车……这些共享单车，既节能环保，又方便了我们的出行。如图所示是其中的一款共享单车，该单车的车篮底部装有一片太阳能电池，它可以将 _____ 能转化为 _____ 能，从而可以给车锁里面的电池充电。太阳能属于 _____（选填"一次能源"或"二次能源"）。

车篮底部的
太阳能电池

力

学

篇

6.1 长度和时间的测量

 长度的测量

- 物体的**长度**是指某个物体从一端到另一端的距离。

  在国际单位制中，长度的基本单位是**米（m）**。其他常用的长度单位有毫米（mm）、厘米（cm）、分米（dm）、千米（km）等。

  1 m 约等于身高为 100 cm 的人双臂伸直后的长度，1 cm 约等于成人中指指甲盖的宽度，1 km 约等于成人步行 15 min 的距离……在生活中，到处都有长度的身影。

- 下表列出了世界上不同物体的长度，这些长度跨度很大，从极小的长度（氢原子的半径）到极大的长度（银河系银盘的直径）。

物体的长度	长度 /m
氢原子的半径	3.7×10^{-11}
链球菌的半径	$(3{\sim}5) \times 10^{-7}$
高尔夫球的直径	4.267×10^{-2}
普通成年男子的身高	1.7~1.8
珠穆朗玛峰的高度	8848.86
地球赤道的直径	1.2756×10^{7}
一光年	9.46×10^{15}
银河系银盘的直径	约 10 万光年

- 测量长度的常用**仪器**有**卷尺、直尺**（米尺、半米尺等）、**皮尺、游标卡尺**和**螺旋测微器**（又叫千分尺）等。

要测量的长度	仪器	精确度
1~5 m	卷尺	±0.1 cm
10 cm~1 m	米尺 / 半米尺	±0.1 cm
1~10 cm	游标卡尺	±0.01 cm
<1 cm	螺旋测微器	±0.001 cm

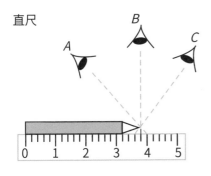

直尺

避免视差

- 眼睛的观察位置要在读数的正上方。
- 眼睛分别位于 A、B、C 不同位置观察时，读数分别为 4.0 cm、3.8 cm、3.6 cm。
- 当眼睛位于位置 B 时，可得正确读数 3.8 cm。

 时间的测量

时间是标注事件发生瞬间及持续历程的基本物理量	在国际单位制中，时间的基本单位是秒（s）	测量时间的工具： • 机械秒表 • 电子秒表

测量时间

6.2 运动的快慢

速度是怎样计算的?

奥运赛场上的百米赛跑往往是惊心动魄的。在比赛过程中，观众通过"相同的时间比较路程"的方式，判断谁跑得更快；比赛结束后，裁判员通过"相同的路程比较时间"的方式，决定运动员们的最终成绩排名。"相同的时间比较路程"和"相同的路程比较时间"就是比较运动快慢的两种方式。

在物理学中，常用**速度**来表示物体运动的快慢。

速度在数值上等于物体在单位时间内通过的路程。在国际单位制中，速度的基本单位是**米每秒**（m/s）。

$$速度 = \frac{路程 (m)}{时间 (s)}$$

平均速度等于物体通过的总路程除以总时间。

实际案例

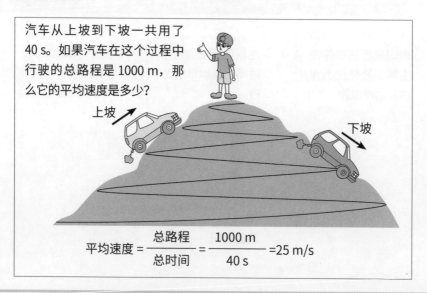

汽车从上坡到下坡一共用了 40 s。如果汽车在这个过程中行驶的总路程是 1000 m，那么它的平均速度是多少？

上坡

下坡

$$平均速度 = \frac{总路程}{总时间} = \frac{1000\ m}{40\ s} = 25\ m/s$$

6.3 质量与密度

 ## 质量和密度的关系

物体的**质量**是指物体所含物质的多少，通常用字母 m 表示。在国际单位制中，质量的基本单位是**千克（kg）**。

物质的**密度**是指某种物质组成的物体的质量与它的体积之比，通常用 ρ 表示。在国际单位制中，密度的基本单位是**千克每立方米（kg/m³）**。

$$\text{密度} = \frac{\text{质量}}{\text{体积}} \quad (\rho = \frac{m}{V})$$

实际案例

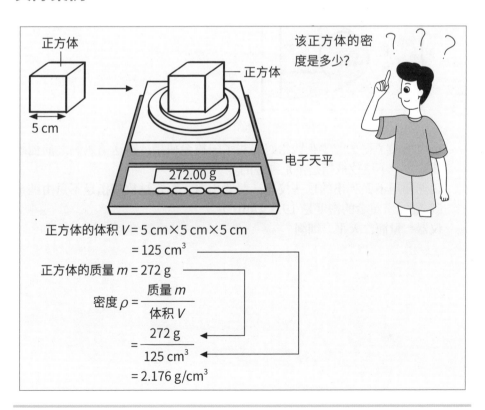

1. 小明一家在假期驾车外出旅游，经过某道路交通标志牌时，小明注意到了标志牌上的标示如图所示。小明想了想，马上就明白了这两个数据的含义。其中，"40"是指 ＿＿＿＿＿＿＿＿＿＿＿＿ ，小明爸爸驾车通过这段路程用时 25 min，则汽车的速度是 ＿＿＿＿＿ m/s。

2. 在空间站的失重环境下，书写并非易事：用钢笔书写，墨水不会自动往下流，导致书写断断续续。为此，美国于 1965 年设计出如图所示的"太空圆珠笔"。书写过程中，"太空圆珠笔"的笔芯内氮气的质量 ＿＿＿＿＿ ，密度 ＿＿＿＿＿ 。（两空均选填"变大""变小"或"不变"）

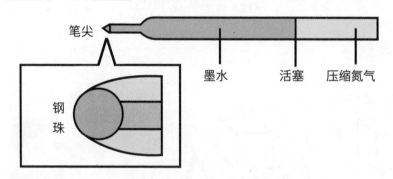

3. 小白用攒了很久的零花钱给妈妈买了一枚金戒指，在送给妈妈之前他想要鉴定一下这枚戒指是不是纯金的。
    请你使用下面列出的这些仪器，帮助小白来鉴定这枚戒指是不是由纯金制成的。（黄金的密度是 19.3 g/cm^3）
    仪器：量筒、天平、细绳

7.1 力

 ## 力的作用效果

　　力存在于我们生活的方方面面。揉面时，面团的形状在不断变化；踢球时，足球前进的方向一直在改变……这些都是力作用的效果。**力**是物体对物体的作用，发生作用的两个物体，一个是施力物体，另一个是受力物体。在物理学中，力用符号 F 表示，在国际单位制中，它的基本单位是**牛顿 (N)**，简称**牛**。

力的作用效果

改变物体的运动状态　　　　使物体发生形变

❶ 运动方向不变，速度大小发生改变
❷ 速度大小不变，运动方向发生改变
❸ 速度大小和运动方向同时发生改变

7.2 重力

质量、重力和重力加速度

当我们站在体重秤上时，体重秤称的是质量还是重力呢？

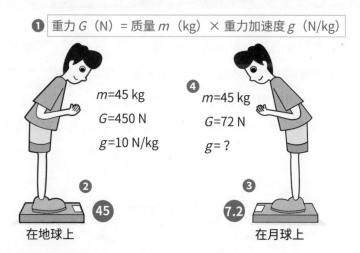

❶ 重力 G (N) ＝ 质量 m (kg) × 重力加速度 g (N/kg)

m=45 kg
G=450 N
g=10 N/kg

❷

45

在地球上

❹ m=45 kg
G=72 N
g= ?

❸

7.2

在月球上

❶ • **质量**是指物体所含物质的多少。

   • **重力**是指由于地球吸引而使物体受到的力。

   • **重力加速度**是指作用于单位质量物体上的重力。地球上的重力加速度为 9.8 N/kg，在粗略计算时，g 可以取 10 N/kg。

❷ 图中的 45 kg 是男孩的质量，g 取 10 N/kg，他受到的重力为 450 N。

普通的称重仪器，如电子天平和体重秤，测量的实际上是物体受到的重力，而非质量。但为了使用方便，这些仪器经过校准，可以直接以克（g）或千克（kg）为单位进行读数，直接得到质量。理论上，重力以牛顿（N）为单位，质量以千克（kg）为单位。

❸ 在地球上，体重秤显示男孩的体重为 45 kg。然而，如果在月球上，同一个体重秤的读数将变为 7.2 kg。

这是因为体重秤没有按照月球表面的重力加速度进行校准，不适宜在月球上使用。月球表面上的重力加速度大约是地球表面上的 $\frac{1}{6}$。

❹ 质量为 45 kg 的人，在月球上受到的重力约为 72 N，由此可以计算出月球上的重力加速度：

$$g_{月球} = \frac{G}{m} = \frac{72\ \text{N}}{45\ \text{kg}} = 1.6\ \text{N/kg}$$

 ## 质量和重力的区别

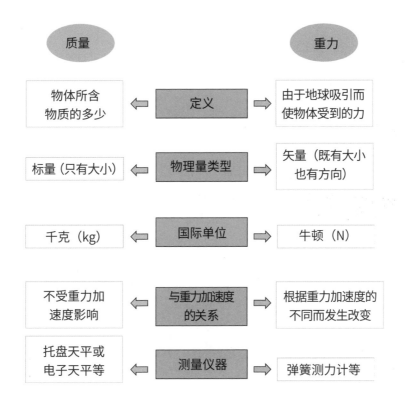

尽管重力作用于物体的所有部分，但重力作用的表现就好像它作用在某一个点上，这个点就是物体的**重心**，它是重力的等效作用点。

- **形状规则、质量分布均匀的物体**的重心就是它的**几何中心**。

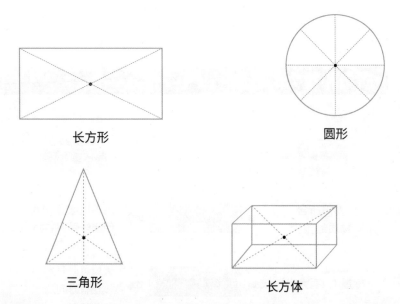

长方形

圆形

三角形

长方体

- **形状不规则、质量分布不均匀的物体**的重心位置并不明显，但可以通过**实验确定**。

形状不规则的物体的重心

实验所需用具:

铁架台　十字夹　钉子　铅垂线　形状不规则的物体

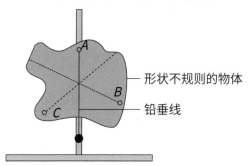

形状不规则的物体

铅垂线

步骤:

1. 将铁架台升到一定高度,并用十字夹固定。

2. 在物体的 3 个等距离的角上穿 3 个小孔。

3. 将 3 个小孔分别标为 A、B 和 C。

4. 先将物体的 A 孔挂到钉子上。

5. 将铅垂线系在钉子上。待铅垂线静止时,在物体上铅垂线末端经过的位置做一个标记 (A')。

6. 对 B 孔和 C 孔重复步骤 4 和步骤 5。

7. 取下物体,画出连接 A 与 A',B 与 B',C 与 C' 的直线。

8. 3 条直线的交点就是形状不规则物体的重心。

注意事项:

1. 在物体上做对应标记之前,保证铅垂线完全静止。

2. 不要穿太大的孔,不然可能会影响重心的位置。

3. 不要穿太小的孔,以免物体不能自由摆动。

7.3 牛顿第一定律

惯性

拍打衣服，可以使灰尘与衣服分离。这是我们生活中习以为常的现象了，但你有没有想过，这背后是什么物理原理呢？

拍打衣服时衣服受力，离开原来的位置，但灰尘由于**惯性**会保持原来的静止状态，仍留在原来的位置。这样就使得衣服与灰尘分离。

物体保持静止状态或匀速直线运动状态的性质，称为物体的惯性。**牛顿第一定律**（又称惯性定律）是指一切物体在没有受到力的作用时，总保持静止状态或匀速直线运动状态。任何物体都具有惯性，惯性是物体的一种属性。物体的质量越大，其惯性越大。

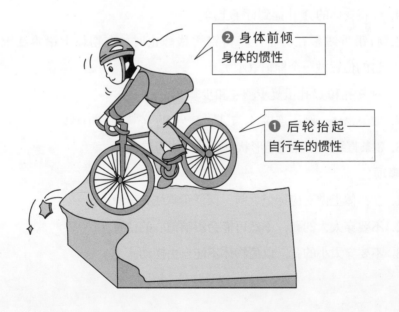

❷ 身体前倾——身体的惯性

❶ 后轮抬起——自行车的惯性

❶ 自行车的惯性

在骑自行车的时候，突然遇到一道坎，若要避免摔倒，你需要紧急刹车，自行车才会迅速停下来，但同时后轮也会抬起来。这是因为按照牛顿第一定律，自行车倾向于保持运动状态，在惯性的作用下，自行车的后轮会抬起。

❷ 身体的惯性

此外，在骑车时，我们的身体也会以与自行车相同的速度向前移动。当自行车停下来时，在惯性作用下，身体还会不自觉地前倾，保持运动状态。

平衡力

如果物体处于静止状态或匀速直线运动状态，我们就说物体处于**平衡状态**。

对于处于平衡状态的物体来说，作用在它身上的不同的力也处于平衡状态，或者说加起来为零，即**合力为零**。

❶ 力处于平衡状态

处于静止状态的物体将保持静止状态

运动中的物体将以恒定的速度保持运动状态

木板向上的
支持力
❷
重力

当男子受到的重力＝木板向上的支持力时，该男子保持静止。

机翼的升力
❸
发动机
的推力
空气
阻力
重力

当飞机匀速前进时，机翼的升力＝飞机受到的重力，发动机的推力＝空气阻力。

❶ 大多数物体都同时受多个力作用。例如，地球上的所有物体都受到重力的作用，移动的物体可能还会受到摩擦力的作用，使其减速。有时候，一个物体受到的力会相互抵消，看上去就像根本没有力作用在它身上一样，这也遵循牛顿第一定律。

❷ 当图中的人站在木板上时，木板会下沉，直到木板的弹性产生足够的向上的支持力，来对抗他所受到的重力。此时，这些力互相抵消，人就能站

定了。

地面并不像木板一样有弹性，因此看不到地面的变化，但当他站在地上时，其实地面也会产生一个向上的支持力，大小与他受到的重力相等。

❸ 飞机在空中高速飞行。它受到的重力与机翼的升力平衡，空气阻力与发动机的推力平衡。这些力互相抵消，所以飞机保持匀速直线运动。

如果发动机的推力大于空气阻力，飞机将加速前进。

 ## 不平衡力

如果作用在物体上的合力不为零，那这些力就是不平衡的。

❶ 力处于不平衡状态

| 静止的物体将开始运动 | 运动中的物体将改变其速度（速度大小或方向） |

球处于静止状态

球处于运动状态

❶ 当有合力作用在物体上时，物体将加速或减速（减速也可看作负加速）。加速的方向与合力的方向一致。

❷ 静止在场地上的球所受合力为零。当静止的球被踢时，所受的力使它从静止状态变为运动状态，球

飞出的方向与踢球者施加力的方向相同。

❸ 在一场足球比赛中，一名球员将球踢出，另一名球员拦球并踢出。这个力改变了球所受的合力，使球改变了运动状态。球的运动方向和速度都发生了变化，合力不为零。

7.5 摩擦力

 摩擦力的影响

摩擦力是一种**阻碍物体相对运动**的力，它在粗糙的物体表面产生。

摩擦力的正面作用：
- 使我们走路不摔倒
- 运用在刹车片中，降低车速

摩擦力

摩擦力的负面作用：
- 磨损机器、电机和发动机的部件
- 降低机械效率

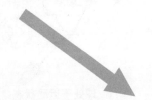

减少摩擦力的方法：
- 将物体的表面高度抛光
- 使用滚珠轴承来实现滚动，而非滑动
- 使用润滑剂

1. （多选）小李同学对体育比赛的一些现象进行了分析，其中正确的是（　　）。

   A. 足球运动员用头将迎面飞来的足球顶回，是力使足球的运动状态发生改变

   B. 篮球被抛出后，在运动过程中所受重力的方向在不断变化

   C. 实心球在地上滚动一段时间，最终停下来是因为受到了阻力的作用

   D. 短跑选手起跑时，脚对起跑器的力大于起跑器对脚的力

2. 假设上物理课时教室内的摩擦力突然消失 30 s，下列情景不可能发生的是（　　）。

   A. 轻轻一吹，课桌上的物理课本便可飞出去

   B. 到讲台上演算的同学可以更轻松地行走

   C. 老师在黑板上板书的粉笔字消失不见了

   D. 同学们无法在物理课本上做笔记

3. 建筑工人利用悬挂重物的细线来确定墙壁是否竖直。其原理是

   _____。

第八章 压强

8.1 压强

 压强

用两只手的两根食指以相同的力同时按压铅笔的两端，铅笔保持静止。尽管两根食指对这支铅笔施加的力是一样的，但我们会明显感觉到，压在笔尖处的那根食指更痛。之所以有这种感觉，是因为压强在其中发挥着作用。

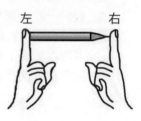

 知识加油站

物体所受压力的大小与受力面积之比叫做**压强**，用符号 p 表示，单位是帕斯卡，简称帕，符号是 Pa，1 Pa=1 N/m^2。

压强在数值上等于物体在单位面积上受到的压力。压强越大，压力产生的效果越明显。

$$压强\, p\,(\text{Pa}) = \frac{力\, F\,(\text{N})}{面积\, S\,(\text{m}^2)}$$

走进神奇的物理

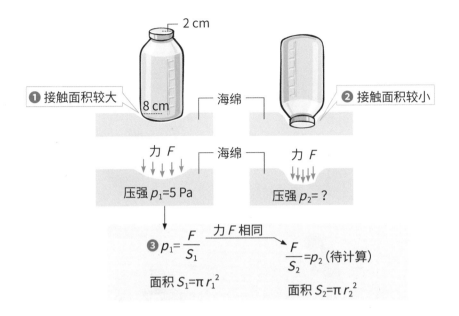

❶ 接触面积较大时

若瓶底与海绵相接触，此时瓶子下面的海绵会被压缩。瓶子受到的重力给海绵施加了向下的压力。

❷ 接触面积较小时

如果把瓶子倒过来，因为瓶子受到的重力没有改变，所以海绵受到的方向向下的压力大小没有改变。然而，因为接触面积变小了，此时瓶子对海绵的压强就变大了。

❸ 由于半径已知，因此可以计算接触面积的大小。

面积 $S_1 = \pi(0.08\,\text{m})^2 \approx 0.02\,\text{m}^2$，面积 $S_2 = \pi(0.02\,\text{m})^2 \approx 0.001\,\text{m}^2$。

计算出 S_1 后，即可算出海绵受到的压力 $F = p_1 S_1 = 5\,\text{Pa} \times 0.02\,\text{m}^2 = 0.1\,\text{N}$。

两种摆放方式，海绵受到的压力相同，均为 F，从而可求出 p_2。

$p_2 = \dfrac{F}{S_2} = \dfrac{0.1\,\text{N}}{0.001\,\text{m}^2} = 100\,\text{Pa}$。

因为接触面积 S_2 比 S_1 小，所以 p_2 比 p_1 大。

压强的应用

增大压强   减小压强

❶ 刀和剪刀

❸ 雪地鞋

❷ 冰鞋上装有冰刀

❹ 拖拉机的大轮胎

❶ **刀和剪刀的刀刃**的表面积都很小，因此可以增大压强，从而切割东西。

❷ **冰鞋上的冰刀**有锋利的刀刃，刀刃与冰面的接触面积很小，冰面受到的压强就很大，在高压强下，冰的熔点会降低，与冰刀接触的冰会融化成水，形成一层水膜，从而减小摩擦，因此滑冰者

能在冰面上平稳地滑行。

❸ **雪地鞋**通过增大脚与雪地之间的接触面积来减小人作用在雪地上的压强。因此，人们可以在很厚的雪地上行走却不会陷进去。

❹ **拖拉机的大轮胎**增大了拖拉机与地面的接触面积，减小了机身作用在地面上的压强。因此，即使拖拉机很重，也不会陷入地面。

8.2 液体的压强

 液体的压强

潜水员如果穿戴的是橡胶潜水服，那么他可以下潜到水下200 m深的地方；但如果他穿戴的是抗压潜水服，那么他就能下潜到水下600 m深的地方。液体中也存在着压强，且随着深度的增加而增大。

液体的压强 $p=\rho gh$

其中，ρ 是液体的密度，g 是重力加速度，h 是液体的深度。

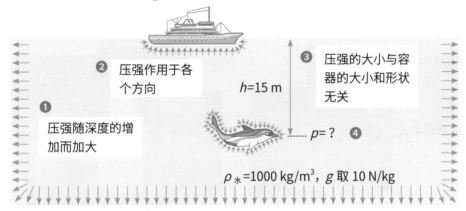

❶ **压强随深度的增加而加大**

液体越深处，压强越大。

❷ **压强作用于各个方向**

液体内部向各个方向都有压强。在同一深度，各个方向上的压强都相等。如果在一个容器的同一高度钻几个相同的孔，会发现水会以相同的速度喷出，并溅到离底座圆周等距离的地方。

来自水的压强能使船漂浮在水面。水的压强作用于船体，会产生一个向上的推力，足以支撑船的重力。

❸ 压强的大小与容器的大小和形状无关

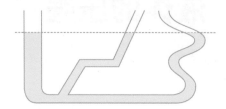

参照上图，尽管管子的直径和形状不同，但由于每根管子中的液体的深度相同，所以三根管子中在同一深度的三个不同点的压强也相同。

❹ 水下 15 m 处的压强 $p=\rho gh=1000 \text{ kg/m}^3\times10 \text{ N/kg}\times15 \text{ m}=1.5\times10^5 \text{ Pa}$。

 液体压强在实际生活中的应用

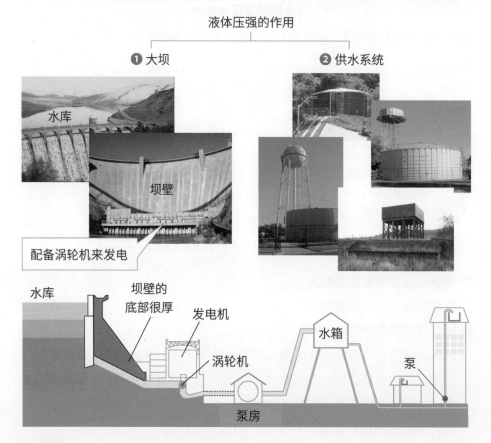

液体压强的作用

❶ 大坝　　❷ 供水系统

水库

坝壁

配备涡轮机来发电

水库　　坝壁的底部很厚　　发电机　　水箱　　泵

涡轮机　　泵房

❶ **大坝**

如上面左图所示，大坝横跨河流之上，用于拦截水流，从而形成水库，用于发电。

考虑到水的压强会随着深度的增加而增大，因此把涡轮机安放在了非常低的位置。随着压强的增大，倾泻而下的水流可以驱动涡轮机来发电。

为了减少液体压强的负面影响，因此坝壁的底部设计得很厚。

❷ **供水系统**

如上一页的右图所示，水箱被放在高于地面的位置，这是为了确保水有足够的压强流到处于较低位置的消费者家里。

你可能也会注意到，我们家里的水箱也会放在处于较高位置的屋顶，这其实是一样的道理。

在高层建筑中，用泵将水输送到建筑物顶部的水箱中。

❊ 帕斯卡定律

帕斯卡定律指出，施加在密闭液体上的压强，能够大小不变地由液体向各个方向传递。

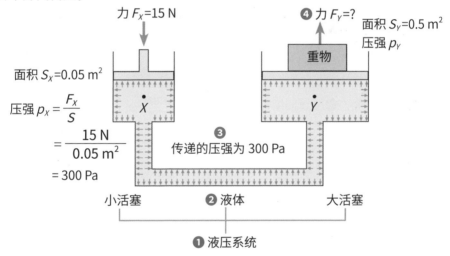

Y 处的压强 $=X$ 处的压强

$$p_Y = p_X$$
$$\frac{F_Y}{S_Y} = \frac{F_X}{S_X}$$

或 $\dfrac{输出力}{输出活塞面积} = \dfrac{输入力}{输入活塞面积}$

因为 $S_Y > S_X$，所以 $F_Y > F_X$。

❶ **液压系统**是基于帕斯卡定律运作的。例如，用液压千斤顶更换汽车轮胎时，利用帕斯卡定律，可以将车的一侧顶起。

❷ 因为液体不可压缩，所以千斤顶可以**利用液体来传递力**。如果向封闭的液体施加压力，那么压力会传递到液体的每个角落。这就是帕斯卡定律。

❸ 当将 15 N 的力施加在小活塞上时，300 Pa 的压强被液体传递到大活塞上。最后输出的力比起初施加的力大。

❹ 在大活塞处输出的力 $F_Y = \dfrac{F_X}{S_X} \times S_Y = \dfrac{15\ \text{N}}{0.05\ \text{m}^2} \times 0.5\ \text{m}^2 = 150\ \text{N}$。

此时，在大活塞处输出的力是在小活塞处输入的力的 10 倍。

 帕斯卡定律的应用——液压起重机

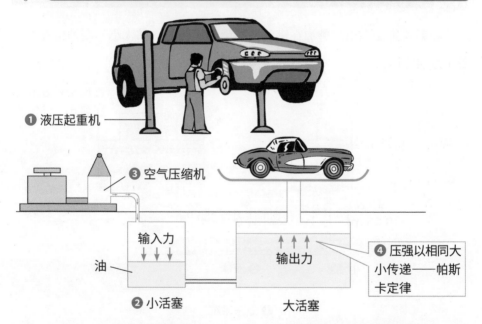

❶ 液压起重机

❸ 空气压缩机

输入力

油

❷ 小活塞

输出力

大活塞

❹ 压强以相同大小传递——帕斯卡定律

❶ 汽车车间的**液压起重机**利用液压系统将汽车抬起。

❷ 装有油的小活塞和大活塞相互连接。

❸ **空气压缩机**用来增加小活塞内空气的压强，压缩空气向油的表面施加压强。

❹ 压强通过油传递到大活塞上。同样大小的压强作用在大活塞上，可以产生足以抬起汽车的力。

$$\frac{F_{输出}}{S_{输出}} = \frac{F_{输入}}{S_{输入}}$$

因为 $S_{输出} > S_{输入}$，所以 $F_{输出} > F_{输入}$。

8.3 大气压强

大气压强

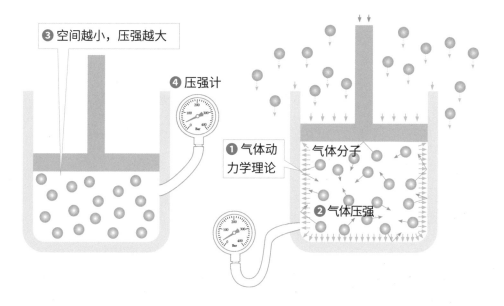

❸ 空间越小，压强越大

❹ 压强计

❶ 气体动力学理论

气体分子

❷ 气体压强

---

❶ 气体动力学理论

气体动力学理论指出，气体中的分子总是在自由移动。在分子随机运动过程中，它们经常相互撞击，并与容器壁发生碰撞。气体分子与容器壁的持续碰撞对容器壁施加了力，由此产生了**压强**。

❷ 气体压强

气体压强是由快速移动的气体分

子与容器壁碰撞产生的。

❸ 空间越小，压强越大

如果气体被压缩到一个较小的空间，分子会更加集中，单位时间内撞击到容器壁单位面积上的分子将更多。因此，压强会更大。

❹ 压强计

可用于测量气体压强。

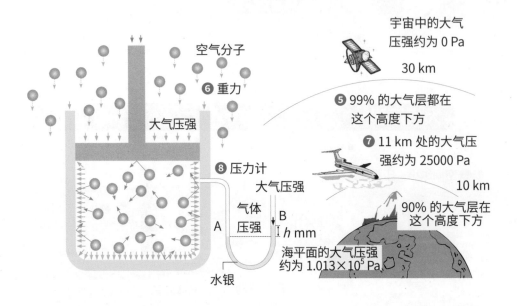

宇宙中的大气压强约为 0 Pa

30 km

5 99% 的大气层都在这个高度下方

7 11 km 处的大气压强约为 25000 Pa

10 km

90% 的大气层在这个高度下方

海平面的大气压强约为 1.013×10^5 Pa

空气分子

6 重力

大气压强

8 压力计

大气压强

气体压强

A

B

h mm

水银

5 大气

地球被一层厚厚的空气所包围，我们称为**大气层**。地球引力将空气分子吸引到地球表面附近，从而形成了大气。

6 空气分子受到的重力

空气分子有质量，它们也会受到重力作用。因此，大气层也对地球表面施加了压力，由此产生了压强，这就是**大气压强**。

7 大气压强

大气压强随着海拔的升高而降低。也就是说，当我们向高处移动时，大气压强会不断降低。

如果你在高海拔地区，大气压强远低于 1 个大气压（海平面的大气层所施加的平均压强为 1.013×10^5 Pa，也就是 1 个大气压）。这是因为你越往上走，空气就越稀薄。

8 压力计是测量 U 形管两端压强差的装置。

压力计可用来测量气体压强，它是以大气压强为基准的。由于气体压强大于大气压强，B 管中的水银被推高了 h mm。因此，气体压强为 h mm Hg + 760 mm Hg（1 个大气压 =760 mm Hg）。

水银气压计

不知道你有没有听过这样一句话："一个水银气压计就能建立一个气象站。"阴晴、冷暖、风暴……竟皆能反映在气压上。让我们一起来看看这其中的物理原理吧！

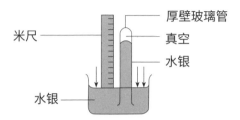

- 水银气压计是一种测量大气压强的装置，它由一个一侧密封的厚壁玻璃管组成，长度约为 1 m。
- 将充满水银的玻璃管倒置，让其开口端浸入水银中。
- 玻璃管的顶端是真空的，方便管内的水银上升和下降。
- 米尺用来测量水银柱的高度。
- 在海平面上，水银气压计的读数为 760 mm。
- 通常将气压计的读数表示为 760 mm Hg 或 76 cm Hg。
- 大气压的测量实验最早是由意大利科学家托里拆利做的，他测得管内外水银面的高度差为 760 mm，通常把这样大小的大气压叫做**标准大气压（p_0）**。

  $p_0=\rho_{Hg}gh=1.36\times10^4\,\text{kg/m}^3\times9.8\,\text{N/kg}\times0.76\,\text{m} \approx 1.013\times10^5\,\text{Pa}$

  在粗略计算中，标准大气压可以取 1×10^5 Pa。
- 需要注意的是，即使倾斜玻璃管，管内**水银柱的高度也保持不变**。

常见压强单位：

帕斯卡 (Pa)	压强的国际单位，1 Pa=1 N/m^2
大气压 (atm)	地球表面的标准大气压强为 1 个大气压，相当于 100 kPa
毫米汞柱 (mm Hg)	大气压是用气压计测量的。在标准大气压下，水银气压计的水银柱高度为 760 mm。所以 1 atm=760 mm Hg
巴 (bar)	气象学家使用的单位，1 bar = 1.013×10^5 Pa

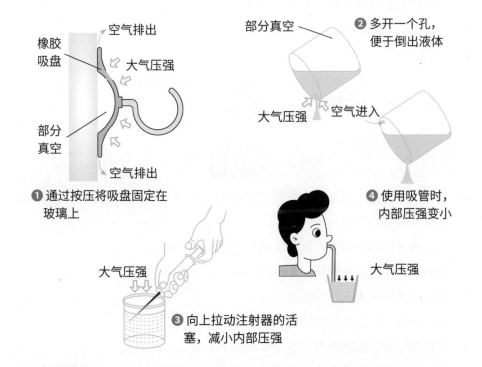

空气排出

橡胶吸盘

大气压强

部分真空

空气排出

① 通过按压将吸盘固定在玻璃上

部分真空

② 多开一个孔，便于倒出液体

大气压强　空气进入

④ 使用吸管时，内部压强变小

大气压强

大气压强

③ 向上拉动注射器的活塞，减小内部压强

大气压强

① 吸盘式挂钩

按压吸盘能排出橡胶吸盘内的空气，此时，橡胶吸盘内的压强小于大气压强。因此，大气压强作用于橡胶吸盘，使其牢牢固定在玻璃上。

② 附加孔

仔细观察你会发现，很难将容器内的液体从一个小孔中倒出。这是因为液体排出时，容器中的压强减小。此时，大气压强作用于液体，阻碍液体流出。所以我们可以再开一个孔（附加孔），让空气进入容器，平衡容器中的内外压强，便于倒出液体。

③ 注射器

如果向上拉动注射器的活塞，注射器内的气体分子数量不变，但空间变大了，内部的压强就会减小。此时，在大气压强的作用下，液体流入注射器。

④ 吸管

使用吸管时，吸管内的压强减小，大气压强就会推动液体流入吸管中。

1. 一头大象的质量是 3000 kg, 每只脚的表面积是 0.4 m², 有一位体重为 45 kg 的女士, 她穿着细跟的高跟鞋, 每个鞋跟的面积是 0.01 m²。假设每只脚的质量都是均匀分布的。(g 取 10 N/kg)
   (1) 计算这位女士的每只细高跟鞋的鞋跟给地面施加的压强。
   (2) 计算这头大象的每只脚给地面施加的压强。
   (3) 被这位女士的细高跟鞋踩到和被大象的脚踩到, 哪个更痛?

2. 在火车站的站台上, 离站台边缘一定距离的地方标有一条安全线, 旅客必须站在如图所示的区域候车, 以防被行驶的列车"吸入"。小明为探明被"吸入"的原因, 查阅资料获得以下信息:
   (1) 运动的物体会带动附近的空气随之一起运动。
   (2) 具有流动性的气体或液体称为流体, 当流体经过较窄通道时, 流速变大, 经过较宽通道时, 流速变小。
   (3) 流体压强随流速的变化而变化。
   接着小明将三节直径不同的塑料管道连接在一起, 并将其中一端与吹风机相连, 用数字气压计测量各管道内空气流动时的压强大小, 示数如图所示。

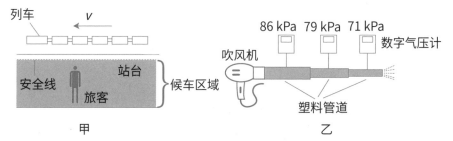

甲　　　　　　　　　乙

❶ 根据上述信息及图中所示的现象, 可得流体压强与流速的关系:
   _____。

❷ 结合所学关于压强的知识及上述信息, 指出被行驶的列车"吸入"的原因, 并写出分析过程。

9.1 浮力、阿基米德原理

 为什么游泳时我们可以浮在水面?

在游泳的时候，虽然有时我们会沉入水面以下，但是稍稍一用力，就可以很轻松地漂浮上来。这就是利用了水的**浮力**。

知识加油站

　　浮力是指浸在液体或气体中的物体受到液体或气体竖直向上托起的力。

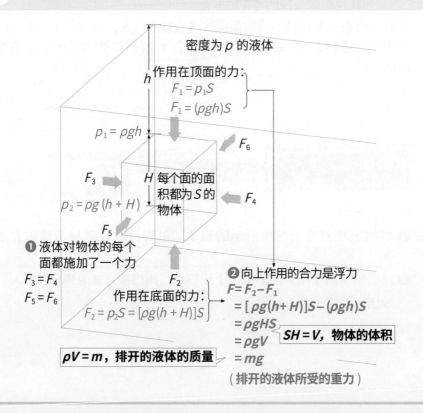

密度为 ρ 的液体

h 　作用在顶面的力：
$$F_1 = p_1 S$$
$$F_1 = (\rho g h)S$$

$p_1 = \rho g h$

F_6

F_3

H 每个面的面积都为 S 的物体

F_4

$p_2 = \rho g (h + H)$

F_5

❶ 液体对物体的每个面都施加了一个力
$$F_3 = F_4$$
$$F_5 = F_6$$

F_2

作用在底面的力：
$$F_2 = p_2 S = [\rho g(h+H)]S$$

❷ 向上作用的合力是浮力
$$F = F_2 - F_1$$
$$= [\rho g(h+H)]S - (\rho g h)S$$
$$= \rho g H S$$
$$= \rho g V \qquad SH = V，物体的体积$$

$\rho V = m，$排开的液体的质量
$$= mg$$
（排开的液体所受的重力）

阿基米德原理指出，当一个物体全部或部分浸没在流体（液体或气体）中时，它所受到的浮力等于它排开的流体所受的重力。用公式表示就是

$$F_浮=G_排$$

对于液体，因为 $G_排=m_排g=\rho_液V_排g$，所以

$$F_浮=\rho_液V_排g$$

其中，$\rho_液$为液体的密度，单位为 kg/m^3，$V_排$为排开液体的体积，单位为 m^3，在本章中，g 取 10 N/kg。液体的浮力公式也适用于气体，把 $\rho_液$替换为 $\rho_气$即可。

❶ 一个截面面积为 S、高度为 H 的物体漂浮在密度为 ρ 的液体中，液体对物体的每个面都施加了一个力。

❷ 作用于物体上表面和下表面的力的差值形成了向上的合力，称为浮力。

❸ 浸没在液体中的物体所受浮力大小取决于液体的密度、物体的形状和密度。可以通过比较浮力和重力的大小来判断物体的沉浮状态。

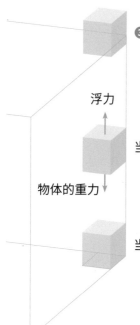

❸ 当浮力 > 物体所受的重力时，物体上浮到水面

浮力

当浮力 = 物体所受的重力时，物体在水中漂浮或保持静止状态

物体的重力

当浮力 < 物体所受的重力时，物体下沉到底部

解决与浮力相关的问题

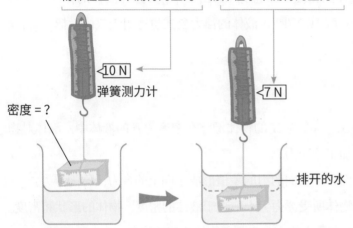

排开的水所受的重力
= 浮力
= 物体在空气中测得的重力 – 物体在水中测得的重力

10 N

弹簧测力计

密度 = ？

7 N

排开的水

阿基米德说，物体无论是完全还是部分浸没在液体中，都会受到浮力的作用，而浮力等于被排开的液体所受的重力。

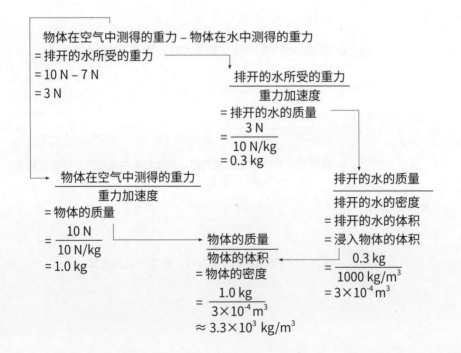

物体在空气中测得的重力 – 物体在水中测得的重力
= 排开的水所受的重力
= 10 N – 7 N
= 3 N

$$\frac{\text{排开的水所受的重力}}{\text{重力加速度}}$$
= 排开的水的质量
$$= \frac{3\,N}{10\,N/kg}$$
= 0.3 kg

$$\frac{\text{物体在空气中测得的重力}}{\text{重力加速度}}$$
= 物体的质量
$$= \frac{10\,N}{10\,N/kg}$$
= 1.0 kg

$$\frac{\text{物体的质量}}{\text{物体的体积}}$$
= 物体的密度
$$= \frac{1.0\,kg}{3\times10^{-4}\,m^3}$$
$$\approx 3.3\times10^3\,kg/m^3$$

$$\frac{\text{排开的水的质量}}{\text{排开的水的密度}}$$
= 排开的水的体积
= 浸入物体的体积
$$= \frac{0.3\,kg}{1000\,kg/m^3}$$
$$= 3\times10^{-4}\,m^3$$

9.2 物体的浮沉条件及应用

 漂浮还是下沉?

影响物体漂浮或下沉的因素

❶ 密度

- 如果物体的**密度大于**液体的密度，它将在液体中**下沉**。

- 如果物体的**密度小于**液体的密度，它将上浮，**漂浮**在液面上。

- 例如，软木塞漂浮在水面上，但石头却沉没在水底。这就是因为软木塞的密度比水小，而石头的密度比水大。

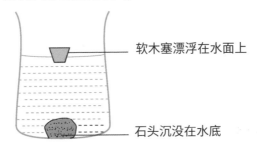

软木塞漂浮在水面上

石头沉没在水底

❷ 形状

- 沉在水中的物体可以通过**改变其形状**而使其上浮到水面。

- 例如，将橡皮泥捏成实心球放入水中，它会沉到水底。然而，当把橡皮泥捏成小船的形状时，它就会漂浮在水面上。

- 游轮的船身由钢铁打造，钢铁的密度比海水的大。然而由于其独特的形状，游轮依然能够漂浮在水面上。

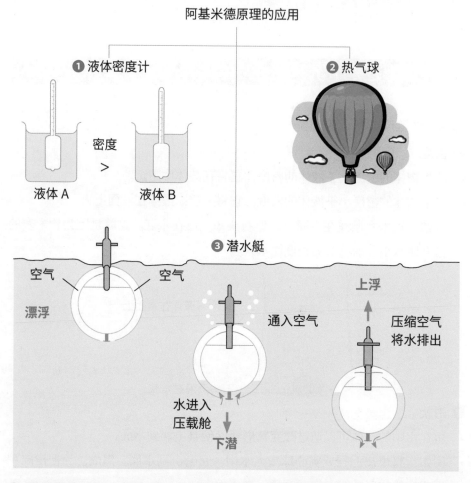

阿基米德原理的应用

❶ 液体密度计

密度
>

液体 A   液体 B

❷ 热气球

❸ 潜水艇

空气   空气

漂浮

通入空气

上浮

压缩空气
将水排出

水进入
压载舱

下潜

❶ **液体密度计**是有校准刻度的装置，可用于测量液体的密度。由于密度计所受的重力等于它排开的液体所受的重力，在密度大的液体中，密度计排开的液体体积小，因此，液体 A 的密度大于液体 B 的密度。

❷ 由于周围空气所受的重力大于热气球所受的重力，因此**热气球**在浮力的作用下向上升起。热气球所受的重力可以通过控制气球中的热空气的量来改变（热空气的密度比冷空气的低）。

❸ **潜水艇**通过控制压载舱中的水的总量，实现下潜和上浮。为了潜入海中，潜水艇会让水进入压载舱来增加其所受的重力。若要上浮到海面，潜水艇就要通过空气压缩机压缩空气将水从压载舱中排出。因此，在重力减少的情况下，潜水艇会向上浮起。

1. 小敏往盛有水的烧杯中放入一个鸡蛋，鸡蛋静止时如图甲所示；她向水中缓慢加入食盐，搅拌使其溶解，鸡蛋静止时如图乙所示；继续加入食盐，鸡蛋静止时如图丙所示。下列判断错误的是（　　）。

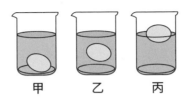

甲　　乙　　丙

A. 图甲中，鸡蛋所受的重力大于烧杯对它的支持力
B. 图乙中，鸡蛋所受的浮力等于鸡蛋所受的重力
C. 图丙中，鸡蛋排开盐水的质量等于鸡蛋的质量
D. 在图甲、图乙、图丙三种情况下，鸡蛋所受浮力的关系是 $F_甲 > F_乙 > F_丙$

2. 为了航行安全，远洋轮船的船体上都标有多条水平横线，如图所示，这些水平横线分别表示某轮船在不同水域及不同季节所允许的满载时的"吃水线"。为了解释这种现象，小明查阅资料后得知：（a）不同水域，表层海水的盐度不同，会导致其密度不同；（b）不同季节，表层海水温度不同；（c）某一水域，表层海水在不同温度下的密度如下表所示。

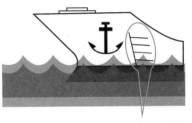

"吃水线"

某一水域的表层海水			
温度 t/℃	6	16	26
密度 ρ/（kg/m³）	1026.8	1025.5	1022.5

（1）根据表格中表层海水的温度 t、密度 ρ 的变化情况和相关条件，得出结论：_____。

（2）结合所学知识及以上信息，指出在不同水域及不同季节轮船满载时的"吃水线"不同的原因，并写出分析过程。

（3）该轮船满载时，冬季"吃水线"在夏季"吃水线"的_____（选填"上方"或"下方"）。

10.1 功和功率

 ## 功

将"功"字拆开，就是两个字：工＋力。在力学中，你可以把做功的过程理解成力在工作的过程。

🔍 **知识加油站**

物理学中规定，力对物体所做的**功**等于作用在物体上的力和物体在力的方向上移动的距离的乘积。

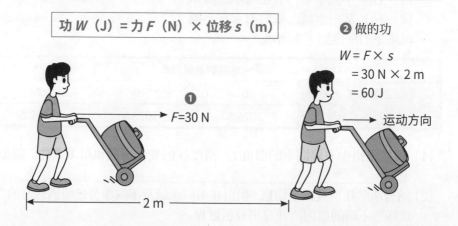

功 W（J）=力 F（N）× 位移 s（m）

❷ 做的功

$W = F \times s$

$= 30\,N \times 2\,m$

$= 60\,J$

❶ F=30 N

运动方向

2 m

❶ 在物理学中，只有当物体在力的作用下沿力的方向移动了，才说是做了功。

❷ 小车在 F=30 N 的力的作用下沿力的方向移动了 2 m，因此，30 N 的力对小车做的功是 60 J。

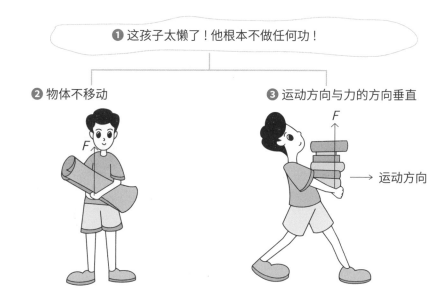

1 根据功的概念，如果物体在力的方向上移动的距离为零，就表示这个力没有做功。

2 上面的左图中，男孩拿着一卷纸，纸处于静止状态。即使有力施加在纸上，纸却没有移动，所以男孩没有做功。

3 上面的右图中，男孩搬着一堆书走路。然而书本只是在水平方向上移动，在垂直方向上，书本没有移动，所以垂直方向上的力没有对书本做功。

✴ 功率和机械效率

在物理学中，用**功率**表示做功的快慢。功率是功与做功所用时间之比，单位为瓦特，简称瓦，符号是 W。

机械效率是有用功与总功的比值，通常用百分数表示，用来衡量设备对输入功率的利用能力。可用 η 表示机械效率。

$$功率\ P\ (W) = \frac{做的功\ W\ (J)}{所用时间\ t\ (s)}$$

$$\eta = \frac{W_有}{W_总} \times 100\%$$

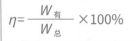

超静音
冷风按钮
全尺寸欧式吹风机
四档风速 / 温度可调

耗时 2 min

❷ 所做的功 = ?

❸ 总功 =500000 J
机械效率 = ?

❶ 大型吹风机的功率比小型吹风机的功率大，小型吹风机虽然可以与大型吹风机做同样多的功，但所需时间会更长。

有效功率为 1900 W 的吹风机，每秒可以做 1900 J 的有用功，也就是说，它的有用能量输出为 1900 J/s。

❷ 图中女孩用功率为 1900 W 的吹风机吹头发，所花时间为 2 min。将时间由分钟换算成秒后，我们可以根据功率的定义计算出吹风机所做的功：

$$W=Pt =1900\ W \times 120\ s =228000\ J$$

❸ 不是所有输入的能量都用在了做功上。总共输入了 500000 J 的能量（总功 =500000 J），但只有 228000 J 的能量被用来做功，还有 272000 J 的能量以热量的形式扩散到周围的环境中。因此，吹风机的机械效率为

$$\eta = \frac{W_有}{W_总} = \frac{228000\ J}{500000\ J} \times 100\% = 45.6\%$$

机械效率的公式还可以表述如下：

$$机械效率 = \frac{有效输出功率}{输入功率} \times 100\%$$

解决与机械效率相关的问题

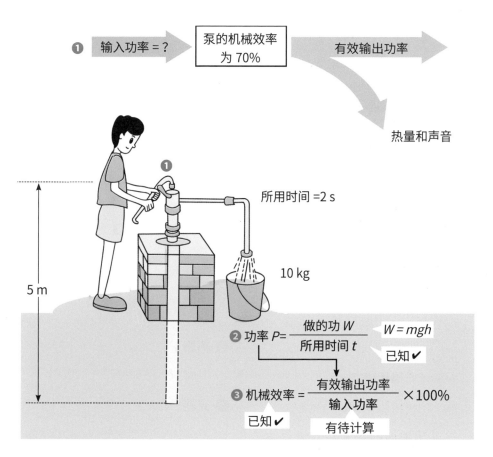

① 输入功率 = ?　泵的机械效率为 70%　有效输出功率

热量和声音

所用时间 =2 s

10 kg

5 m

② 功率 $P = \dfrac{做的功\ W}{所用时间\ t}$　$W = mgh$　已知 ✔

③ 机械效率 $= \dfrac{有效输出功率}{输入功率} \times 100\%$

已知 ✔　有待计算

① 需要计算的数值是泵的输入功率。

② 这位男士用时 2 s，从 5 m 深的井里面打了 10 kg 的水，总共做的功：$W = mgh = 10\ kg \times 10\ N/kg \times 5\ m = 500\ J$

那么功率，即泵的有效输出功率为

$$P = \frac{W}{t} = \frac{500\ J}{2\ s} = 250\ W$$

③ 根据机械效率的计算公式，可求出泵的输入功率：

$$70\% = \frac{250\ W}{输入功率} \times 100\%$$

求得输入功率 $\approx 357\ W$。

10.2 能量及能量守恒定律

 能量的多种形式

将做好的小船放入水中，水可以推动小船前进，水对小船做了功；张开的弓可以使箭射出，弓对箭做了功……物体能够对外做功，我们就说这个物体具有**能量**，简称能。能量的单位与功的单位相同，也是焦耳（J）。

能量有多种形式，包括：❶ 势能，❷ 动能，❸ 热能，❹ 光能，❺ 电能，❻ 声能等。

❶ **势能**是物体因其所处位置、形状或状态发生变化而拥有的能量。

(a) 当橡皮筋被拉长时（形状），它将拥有**弹性势能**。

(b) 当受到重力作用的物体处在高于地面的位置时（所处位置），它将拥有**重力势能**。

(c) 电池拥有**化学势能**。当电池被使用时，它将化学势能转化为电能。

❷ **动能**是物体由于运动而具有的能量。

❸ **热能**是指从温度较高区域转移到温度较低区域时产生的能量。

❹ **光能**是由太阳、蜡烛等发光体所释放出的一种能量形式。

❺ **电能**是电荷在导体中流动产生的能量。

❻ **声能**是由机械振动产生的能量，可以被人耳听到。

 能量守恒定律

能量守恒定律指出，能量可以从一种形式转化为另一种形式，或者从一个物体转移到其他物体，而能量的总量保持不变，不会凭空产生，也不会凭空消失。

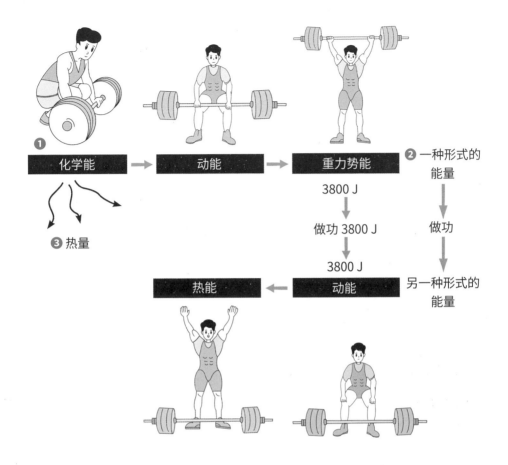

❶ 举重运动员必须做功 3800 J 才能将杠铃举过头顶，在向上举起杠铃的过程中，以**化学能**形式储存在他体内的能量将转化为动能，在将杠铃举过头顶时，动能转化为杠铃的重力势能，将杠铃放下的过程中，杠铃的重力势能又转化为动能，完全放下杠铃后，动能转化为热能。从第一个阶段到最后一个阶段，能量的形式发生了变化，**但能量的总量保持不变**。

❷ 只要能量从一种形式转化为另一种形式，就必然做了功。放下杠铃的过程中，3800 J 的**重力势能**转化为 3800 J 的**动能**。在下落过程中，3800 J 的功作用于杠铃，使其加速下落。

❸ 虽然运动员只做了 3800 J 的功，但是为了举起杠铃，举重运动员可能需要燃烧大约 25000 J 的能量。这是因为还有一部分能量会以**热量**的形式释放到周围环境中，所以我们会看到运动员出汗。

小球从斜坡上滚下，运动的速度越来越大，到达最低点后，速度最大，因此还会继续向前运动，并爬上一个新的坡。在这个过程中，能量其实一直守恒，那能量是怎样一步步进行转化的呢？

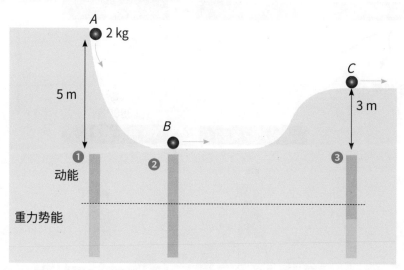

❶ 物体从高于地面 5 m 处的 A 点开始运动，同时具有动能 $E_{动能A}$ 和重力势能 $E_{势能A}$。

A 点的总能量 $=E_{动能A}+E_{势能A}$

❷ 当物体运动到 B 点时，所有的重力势能转化为动能 $E_{动能B}$。

B 点的总能量 $=E_{动能B}$

根据能量守恒定律，A 点的总能量 $=B$ 点的总能量。

❸ 当物体运动到 C 点时，物体的部分动能转化为重力势能。

C 点的总能量 $=E_{动能C}+E_{势能C}$

从能量守恒定律来看，C 点的总能量 $=A$ 点的总能量。

10.3 杠杆

 杠杆原理

当你用筷子夹菜，用剪刀剪纸，用天平称量时，你就在使用杠杆了。

杠杆由五部分组成：支点（O），动力（F_1），动力臂（l_1），阻力（F_2）和阻力臂（l_2）。

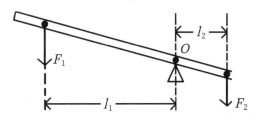

杠杆的平衡状态是指杠杆处于静止不动或匀速转动的状态。杠杆平衡时，动力、动力臂、阻力、阻力臂之间有这样的关系：

动力 × 动力臂 = 阻力 × 阻力臂，即 $F_1 \cdot l_1 = F_2 \cdot l_2$。

根据 l_1 和 l_2 的大小关系，杠杆可以分为省力杠杆、费力杠杆、等臂杠杆。

杠杆分类	力臂关系	费力或省力情况	费距离或省距离情况	举例
省力杠杆	$l_1 > l_2$	$F_1 < F_2$，省力	费距离	钉锤、开瓶器、扳手、修剪树枝的剪刀
费力杠杆	$l_1 < l_2$	$F_1 > F_2$，费力	省距离	人的前臂、钓鱼竿、筷子、镊子、裁缝裁剪用的剪刀
等臂杠杆	$l_1 = l_2$	$F_1 = F_2$，既不省力，也不费力	既不省距离，也不费距离	天平、定滑轮

1. 我国古代记录传统手工技术的著作《天工开物》里记载了一种用来舂米（去除谷物的壳）的用具——碓，"横木穿插碓头，（碓嘴冶铁为之，用醋淬合上。）足踏其末而舂之"，如图甲所示，碓的质量为 20 kg，不计摩擦和横木自身的重力。图乙为人的脚用力向下踩时在某一位置的示意图，点 O 为支点，F_2 为阻力，此时碓属于_____（选填"省力""等臂"或"费力"）杠杆。若每次碓上升的高度为 0.6 m，1 min 内碓撞击臼中的谷粒 20 次，则人克服碓的重力做功的功率为_____W。（g 取 10 N/kg）

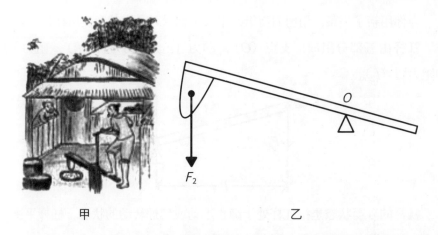

甲　　　　　　　　　　乙

2. 如图所示是杂技演员演出时的情景，左边的男演员从高处跳下，右边的女演员被跷跷板弹起瞬间获得的是_____（选填"动能""重力势能"或"弹性势能"）。从图中可知，右边的女演员上升的高度大于左边的男演员起跳时的高度，由此可以判断男演员的质量_____（选填"一定"或"可能"）比女演员的质量大。

电

学

篇

11.1 两种电荷

 ## 摩擦生电

不知道你有没有遇到过这样的情景，拿一把塑料梳子梳头，头发会随着梳子一起飘起来。这就是典型的**摩擦生电**。

- 用丝绸或毛皮**摩擦**玻璃棒或橡胶棒等物体，会使玻璃棒或橡胶棒的表面带电，产生**吸引力**。
- 在摩擦过程中，电荷**没有凭空产生，也没有凭空消失**，只是从一种材料**转移**到了另一种材料中。

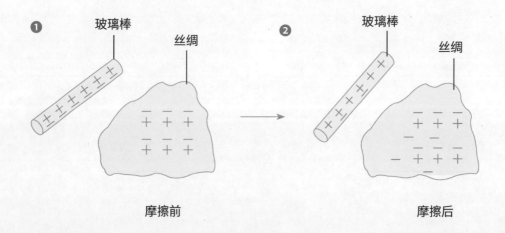

摩擦前　　　　　　　　　　　　　　摩擦后

❶ 摩擦前，玻璃棒和丝绸都是电中性的。

❷ 摩擦后，部分电子（负电荷）转移到了丝绸上，失去电子的玻璃棒带正电，得到电子的丝绸带负电。

能产生静电的常见材料

材料	结果
在丝绸上摩擦过的玻璃棒	玻璃棒带正电,丝绸带负电
在毛皮上摩擦过的橡胶棒	橡胶棒带负电,毛皮带正电
在头发上摩擦过的塑料梳子	塑料梳子带负电,头发带正电
在羊毛材料上摩擦过的塑料	塑料带负电,羊毛材料带正电

 ## 原子模型的历史发展

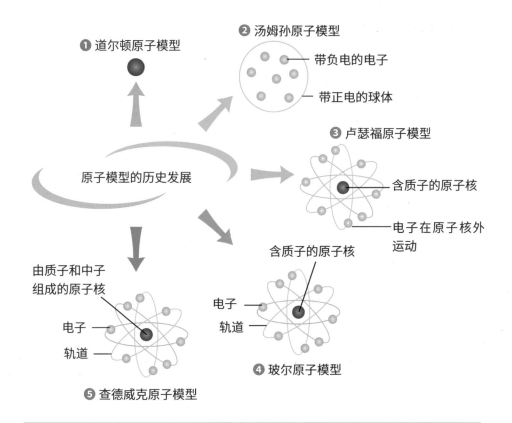

❶ 道尔顿原子模型

原子是一个坚硬的实心小球，是组成物质的最小单位，不可分割。

❷ 汤姆孙原子模型

原子是一个带正电的球体，带负电的电子镶嵌在其中。

❸ 卢瑟福原子模型

原子的正电荷（质子）和大部分质量都集中在一个小的中心区域，称为**原子核**。电子在核外的空间中运动。

❹ 玻尔原子模型

原子中的电子在一些特定的轨道上围绕原子核做圆周运动。

❺ 查德威克原子模型

原子核由质子和中子组成，中子是原子核中的电中性粒子，它的质量约占原子质量的一半。

 原子的组成结构

经过一代代科学家不断地探索和发现，我们现在知道：原子是由原子核（带正电）和核外电子（带负电）组成的，原子核又是由质子（带正电）和中子（不带电）组成的。

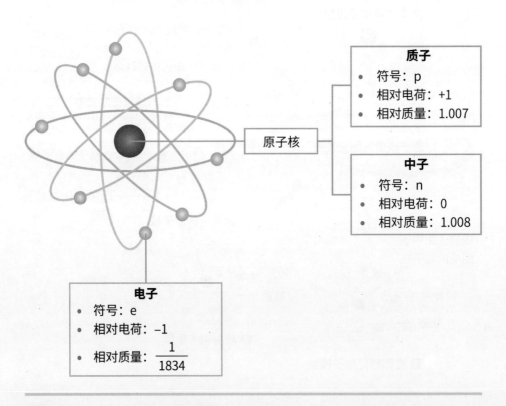

质子
- 符号：p
- 相对电荷：+1
- 相对质量：1.007

原子核

中子
- 符号：n
- 相对电荷：0
- 相对质量：1.008

电子
- 符号：e
- 相对电荷：−1
- 相对质量：$\dfrac{1}{1834}$

11.2 电流和电路

电流是怎么产生的?

在生活中，我们经常能看到"当心触电"的标志牌。当通过人体的电流为 0.5~1 mA 时，我们会有手指、手腕发麻或刺痛的感觉；当通过人体的电流为 8~10 mA 时，针刺感、疼痛感会增强，并可能会发生痉挛；当通过人体的电流超过 20 mA 时，人会迅速麻痹，不能摆脱带电体。那么，电流是怎么产生的，电流的大小又是由什么来决定的呢？

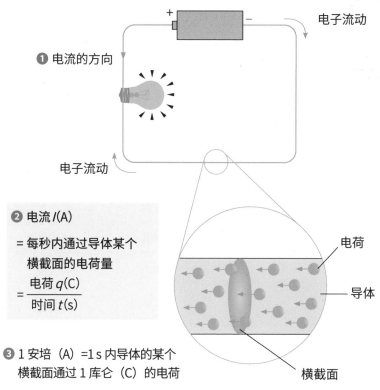

❶ 电流的方向

电子流动

电子流动

❷ 电流 I(A)

= 每秒内通过导体某个
横截面的电荷量

$$= \frac{\text{电荷 } q(\text{C})}{\text{时间 } t(\text{s})}$$

❸ 1 安培（A）=1 s 内导体的某个
横截面通过 1 库仑（C）的电荷

电荷

导体

横截面

❶ 电荷的定向移动形成电流，把正电荷定向移动的方向规定为**电流的方向**，由电源的正极流向负极。电子流动的方向与电流的方向相反，由电源的负极流向正极。

❷ 在一定时间内，通过导体的某个横截面的电荷越多，电流就越大。

❸ 1 s 内导体的某个横截面通过 1 C 的电荷，产生的电流就是 1 A。

 ## 电路符号

电路图是对实际电路的形象描述，在初高中物理的电学板块中我们经常会用到电路图。在电路图中，电路符号可以显示一个电路是如何连接的。我们首先来看一下几种常见的电学元件及其电路符号。

电学元件	电路符号	电学元件	电路符号
导线		定值电阻	
连接的导线		变阻器	
未连接的导线		滑动变阻器	
开关		二极管	
地线		发光二极管	
电池		保险丝	
电池组		电动机	
直流电		灯泡	
交流电		电铃	
电流表		电容器	
电压表		灵敏电流计	

电路是电流流过的路径,它由电源、用电器、导线和开关组成。

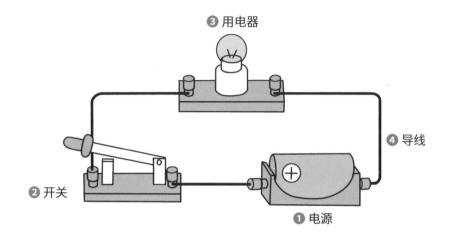

❶ **电源**(如电池)给电路提供电能,使电路中有持续的电流通过。

❷ **开关**只有在闭合状态时,电流才能通过,保证电路的连通。

❸ **用电器**是将电能转换为人们需要的能量的元件。例如,灯泡将电能转换为光和热。

❹ **导线**连接所有的电路元件,并为电流的流动提供了一条完整的路径。

上述**电路**可以用如下电路图来表示。

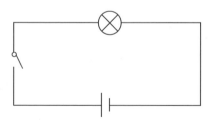

11.3 串联和并联

✷ 串联和并联电路

商场的装饰树上会挂一串串的小彩灯，你会发现，把一个小彩灯的开关关掉，彩灯串上的其他小彩灯也不亮了；但在家里，如果把房间里的开关关掉，房间里的灯会熄灭，但客厅里的灯并不会受影响。出现这两种不同的情况，就是因为前者是串联电路，后者是并联电路。

串联的两个灯泡

电池

❶ 串联电路

并联的两个灯泡

电池

❷ 并联电路

❶ **串联电路**

- 串联是一种将电路元件逐个顺次首尾相连的连接方式。将各用电器串联起来组成的电路叫串联电路。

- 整个电路中的电流都相同。

- 由于电路是单回路，因此电路的任何部分断开都会导致电路断开。

❷ **并联电路**

- 并联是一种将两个或多个电路元件首首相接，同时尾尾相连的连接方式。将各用电器并联起来组成的电路叫并联电路，并联电路中分成了两个或多个分支，形成两条或多条回路供电流流动。

- 每条支路中的电流可以不同，也可以相同，但都小于干路的电流（来自电源的初始电流）。

- 如果其中一条支路断开，电流仍然能在另一条支路中流动。

1. 打扫房间时，小明用绸布擦镜子，发现擦过的镜子容易粘上灰尘，这是因为镜子带了电，带电体有_____的性质。如果已知镜子带正电，那么说明镜子_____电子（选填"得到"或"失去"）。

2. 新型的"水温感应龙头"自带水温警示功能。当水温低于 40 ℃时，感应开关 S_1 闭合，只有绿灯照亮水流；当水温达 40 ℃及以上时，感应开关 S_2 闭合，只有红灯照亮水流，以警示用水人。在如下所示的电路中，能实现这种水温警示功能的是（   ）。

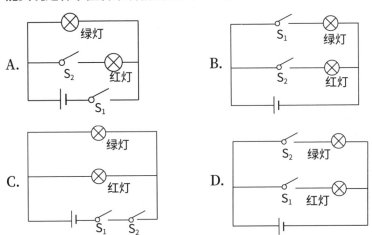

3. 小梅在社会实践活动中，设计了一个保密室大门的控制电路，大门由电动机控制，单把钥匙无法开启大门，必须用两把钥匙才能开启大门（插入钥匙相当于闭合开关）。下列电路图中，符合要求的是（   ）。

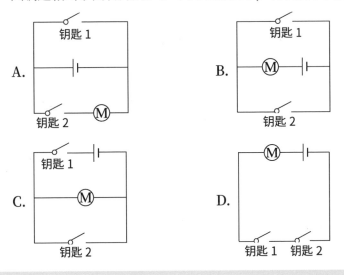

12.1 电阻

 电阻 (R)

在物理学中，用**电阻**来表示导体对电流阻碍作用的大小。导体的电阻越大，表示导体对电流的阻碍作用越大。电阻是导体本身的一种性质。

想必大家都听说过超导现象，超导现象就是在一定的条件下（如低温），某种物质的电阻变为零的现象。

虽然电阻是导体本身的一种性质，但我们一般可以通过电流表、电压表测出导体的电阻大小。

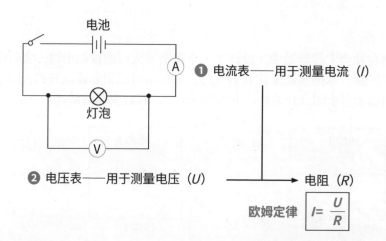

电池

❶ 电流表——用于测量电流 (I)

灯泡

❷ 电压表——用于测量电压 (U)

电阻 (R)

欧姆定律 $I = \dfrac{U}{R}$

❶ **电流表**是用来测量**电流**的，它**串联**在电路中。在国际单位制中，**电流** (I) 的单位是**安培** (A)。

❷ **电压表**用于测量**两点之间的电压**，需并联在电路中。**电压** (U) 是指电路中两点之间的电势差，单位是**伏特** (V)。

在物理学中，**电阻**（R）是用来表示导体对电流阻碍作用的大小的物理量，其单位是**欧姆**，简称欧，符号是 Ω。

❶ 导体的电阻取决于导体的长度、横截面积、材料的种类和温度。

❷ 导体的电阻与它的长度成正比，导体越长，它的电阻就越大。

❸ 导体的电阻与它的横截面积成反比，导体的横截面积越大，它的电阻就越小。

❹ 导体的电阻与它的材料的种类有关，当导体的长度和横截面积确定后，导体的电阻因材料的不同而不同。几种长为 1 m、横截面积为 1 mm^2 的导体材料在 20 ℃时的电阻如下表所示。

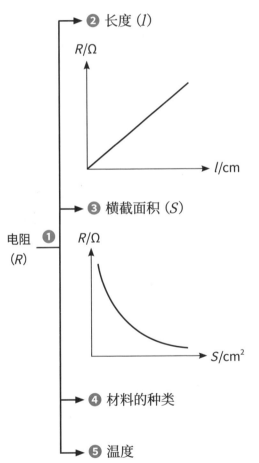

材料	电阻 R / Ω
银	0.016
铜	0.017
铝	0.027
铁	0.096
镍铬合金	1.09~1.12
电木	10^4~10^8
橡胶	10^7~10^{10}

❺ 导体的温度越高，它的电阻就越大。但在常温下，常见导体的电阻随温度的变化不大。

电阻的类型

电阻是在电路中提供一个**给定电阻值**的导体，在电路中通常起分压、分流的作用。

定值电阻
- 有固定的**电阻值**，简称电阻。
- **色码**用于标识电阻值。
- 不同颜色对应不同的电阻值：黑色(0)，棕色 (1)，红色(2)，橙色(3)，黄色(4)，绿色(5)，蓝色(6)，紫色(7)，灰色(8)，白色(9)。

电阻的类型

可变电阻
- 有**可变的电阻值**，也叫做变阻器。
- 通过改变电阻的大小，变阻器可以改变电路中流通的电流的大小：**电流随着电阻的增大而减小，随着电阻的减小而增大。**
- 变阻器的应用：
  (a) 在灯光调光器中，控制灯光的亮度；
  (b) 在收音机中，控制音量大小；
  (c) 在搅拌器和风扇中，控制电机的转速。

12.3 欧姆定律在串、并联电路中的应用

串联电路

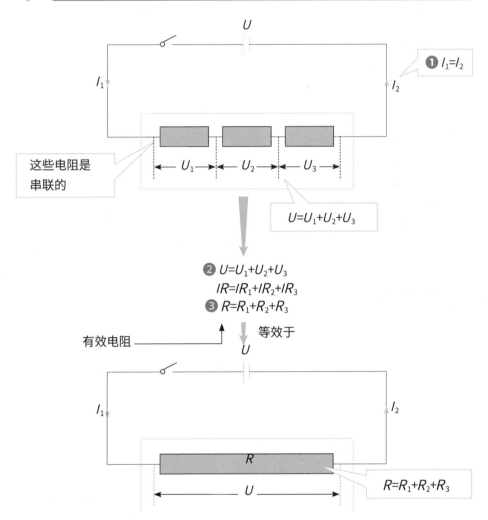

U

❶ $I_1=I_2$

I_1 I_2

这些电阻是
串联的

U_1 → U_2 → U_3

$U=U_1+U_2+U_3$

❷ $U=U_1+U_2+U_3$
$IR=IR_1+IR_2+IR_3$
❸ $R=R_1+R_2+R_3$

有效电阻 ————

等效于

U

I_1 I_2

R

U

$R=R_1+R_2+R_3$

❶ 通过每个电阻的电流是相等的。

❷ 各电阻两端的电压之和等于总电压。

❸ 电路的有效电阻是所有电阻的总和。

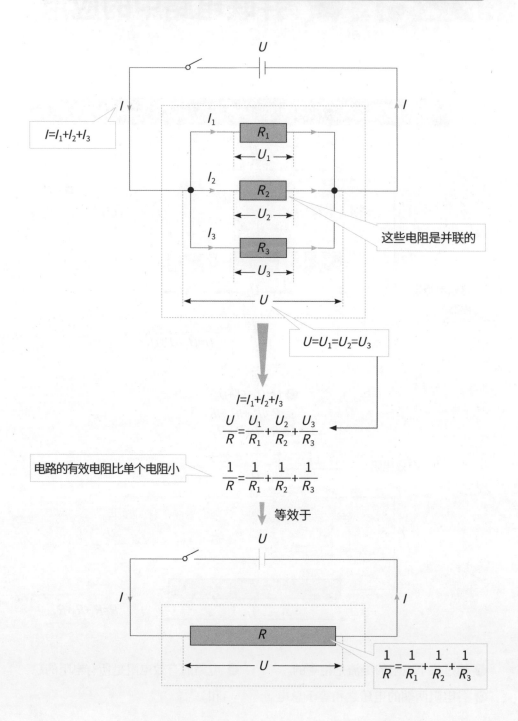

$I=I_1+I_2+I_3$

这些电阻是并联的

$U=U_1=U_2=U_3$

$I=I_1+I_2+I_3$

$$\frac{U}{R}=\frac{U_1}{R_1}+\frac{U_2}{R_2}+\frac{U_3}{R_3}$$

电路的有效电阻比单个电阻小

$$\frac{1}{R}=\frac{1}{R_1}+\frac{1}{R_2}+\frac{1}{R_3}$$

等效于

$$\frac{1}{R}=\frac{1}{R_1}+\frac{1}{R_2}+\frac{1}{R_3}$$

解决与串联电路的电阻相关的问题

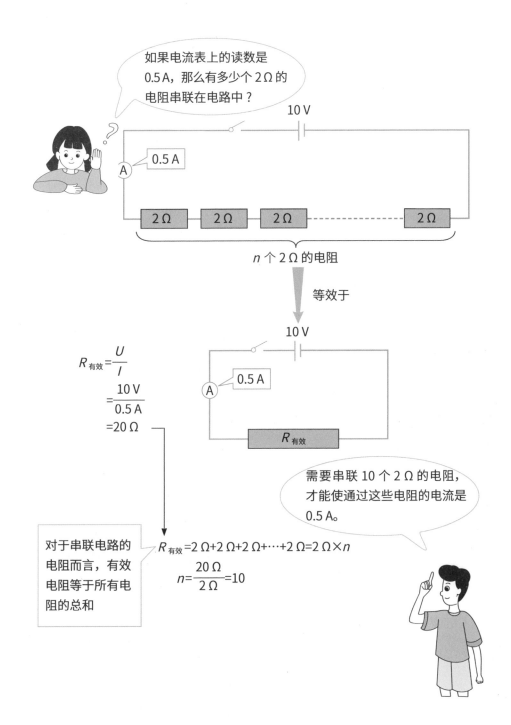

如果电流表上的读数是 0.5 A，那么有多少个 2 Ω 的电阻串联在电路中？

10 V

0.5 A

A

| 2 Ω | 2 Ω | 2 Ω | ------ | 2 Ω |

n 个 2 Ω 的电阻

等效于

10 V

0.5 A

A

$R_{有效}$

$$R_{有效} = \frac{U}{I}$$

$$= \frac{10\,V}{0.5\,A}$$

$$= 20\,\Omega$$

需要串联 10 个 2 Ω 的电阻，才能使通过这些电阻的电流是 0.5 A。

对于串联电路的电阻而言，有效电阻等于所有电阻的总和

$$R_{有效} = 2\,\Omega + 2\,\Omega + 2\,\Omega + \cdots + 2\,\Omega = 2\,\Omega \times n$$

$$n = \frac{20\,\Omega}{2\,\Omega} = 10$$

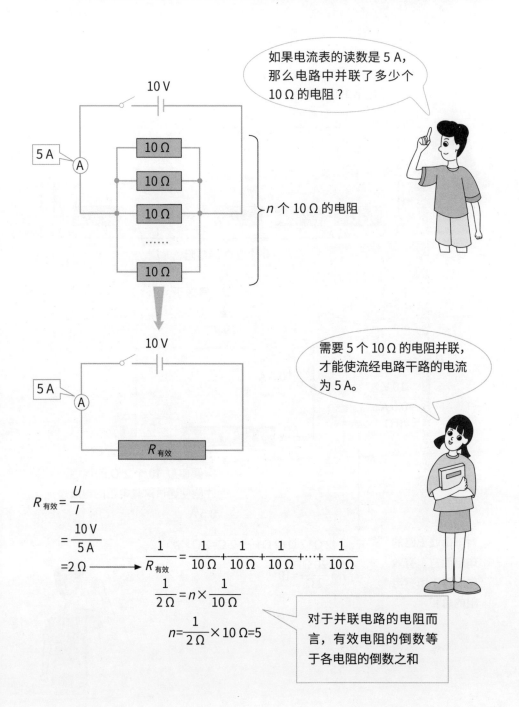

如果电流表的读数是 5 A，那么电路中并联了多少个 10 Ω 的电阻？

10 V

5 A —— (A)

10 Ω
10 Ω
10 Ω
……
10 Ω

} n 个 10 Ω 的电阻

10 V

5 A —— (A)

$R_{有效}$

需要 5 个 10 Ω 的电阻并联，才能使流经电路干路的电流为 5 A。

$$R_{有效} = \frac{U}{I}$$

$$= \frac{10\ V}{5\ A}$$

$$= 2\ \Omega \longrightarrow$$

$$\frac{1}{R_{有效}} = \frac{1}{10\ \Omega} + \frac{1}{10\ \Omega} + \frac{1}{10\ \Omega} + \cdots + \frac{1}{10\ \Omega}$$

$$\frac{1}{2\ \Omega} = n \times \frac{1}{10\ \Omega}$$

$$n = \frac{1}{2\ \Omega} \times 10\ \Omega = 5$$

对于并联电路的电阻而言，有效电阻的倒数等于各电阻的倒数之和

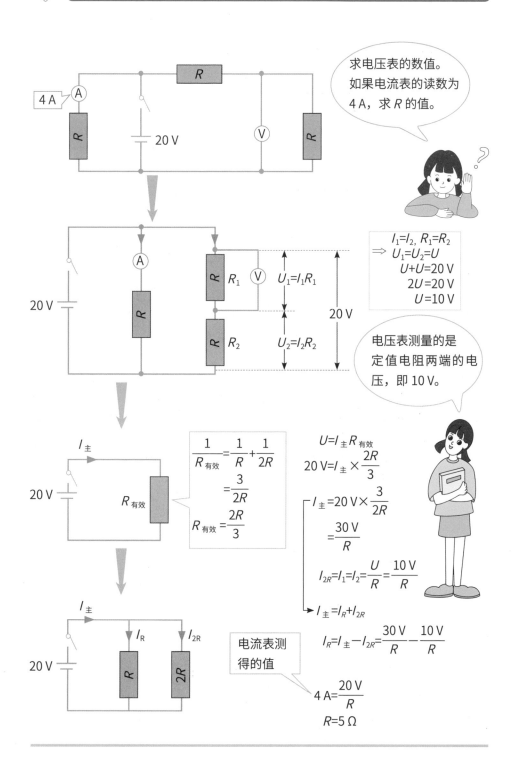

1. 某物理兴趣小组为学校食堂设计了一个烟雾自动报警器，它能在烟雾达到一定浓度时通过电铃（电阻值不变）发声报警。该报警器内部有一可变电阻 R，其电阻值随烟雾浓度的增大而减小，通过电铃的电流需要达到一定大小时电铃才能发声，同时，电表可以显示烟雾浓度的变化。下列几个电路图中符合报警要求的是（   ）。

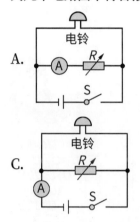

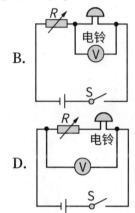

2. 在如图所示的电路图中，电源电压保持不变，灯泡始终完好。

   （1）当只闭合 S_1 时，电压表 V_1 和 V_2 的示数分别为 6 V 和 4 V，请说明三个灯泡的工作情况并求出电源电压。

   （2）当 S_1、S_2 和 S_3 都闭合时，请说明三个灯泡的工作情况及三个电压表的示数各是多少，并画出此时电路的等效电路图。

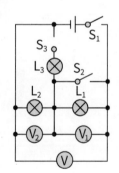

第十三章　电功率

13.1

电能 电功率

 生活中电能的利用无处不在

　　各种不同的用电器可以把电能转化为其他形式的能量。电灯把电能转化为光能，为我们带来光亮；电动机把电能转化为机械能，使得电风扇旋转，电动汽车飞驰；电热毯把电能转化为内能，为我们带来温暖……用电器工作的过程就是利用电流做功，将电能转化为其他形式的能量的过程。电流做了多少功，就要消耗多少电能。

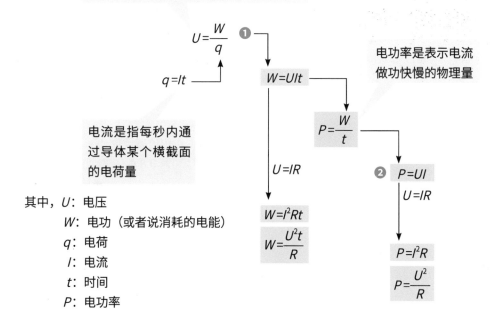

两点之间的电势差是 1 C 电荷在两点间移动所传递的能量

$$U=\frac{W}{q}$$ ❶

$$q=It$$

$$W=UIt$$

电流是指每秒内通过导体某个横截面的电荷量

$$U=IR$$

$$W=I^2Rt$$

$$W=\frac{U^2t}{R}$$

电功率是表示电流做功快慢的物理量

$$P=\frac{W}{t}$$

❷ $$P=UI$$

$$U=IR$$

$$P=I^2R$$

$$P=\frac{U^2}{R}$$

其中，U：电压
　　　W：电功（或者说消耗的电能）
　　　q：电荷
　　　I：电流
　　　t：时间
　　　P：电功率

❶ 电器中能量发生转换的例子：

电器	能量转换
灯泡	电能→光能和热能
熨斗、加热器	电能→热能
电视机	电能→声能、光能、热能
收音机	电能→声能和热能

❷ 电功率用 P 表示，它的单位是瓦特，简称瓦，符号是 W。

功率为 1 W 的电器意味着它能够在 1 s 内传输 1 J 的电能。

 ## 解决与电功率相关的问题

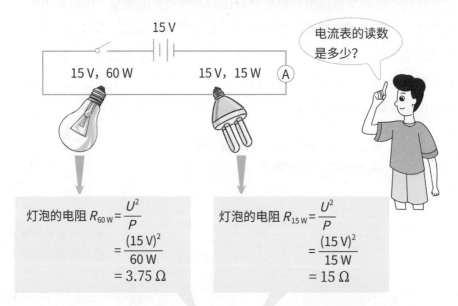

15 V

15 V，60 W　　15 V，15 W　Ⓐ

电流表的读数是多少？

灯泡的电阻 $R_{60\,W} = \dfrac{U^2}{P}$

$\quad = \dfrac{(15\ V)^2}{60\ W}$

$\quad = 3.75\ \Omega$

灯泡的电阻 $R_{15\,W} = \dfrac{U^2}{P}$

$\quad = \dfrac{(15\ V)^2}{15\ W}$

$\quad = 15\ \Omega$

总电阻 $R_{总} = R_{60\,W} + R_{15\,W}$

$\quad = 3.75\ \Omega + 15\ \Omega$

$\quad = 18.75\ \Omega$

电流表读数 $I = \dfrac{U}{R_{总}}$

$\quad = \dfrac{15\ V}{18.75\ \Omega}$

$\quad = 0.8\ A$

电流表读数为 0.8 A。

计算用电成本

• **电能表**是用于测量用电器在某段时间内消耗的电能的设备。

• 用电量是指电能的使用量，通常用**千瓦时**（kW·h）来衡量。

用电量（kW·h）= 电功率（kW）× 时间（h）

• 1 kW·h 可以看作电功率为 1 kW 的用电器使用 1 h 所消耗的电能。

• 每千瓦时的价格就是我们常说的电价，电价随油价的波动而波动。电价与用电量的乘积就是电费。

电费 = 用电量（kW·h）× 电价

实际案例

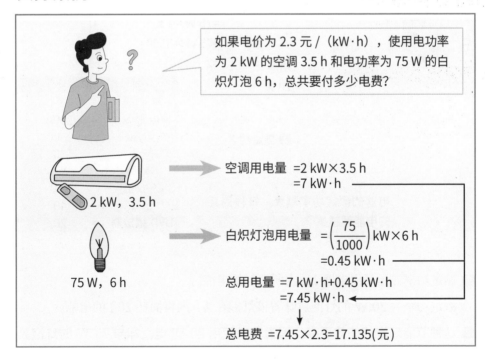

额定功率和能效

用电器正常工作时的电压叫做**额定电压**，用电器在额定电压下工作时的电功率叫做**额定功率**，即用电器上标明的电功率。用电器在实际电压下工作时的电功率叫做实际功率，它可能与额定功率相等，也可能比额定功率大或者小。

$$消耗的能量\ E(\mathrm{J}) = 额定功率\ P(\mathrm{W}) \times 时间\ t(\mathrm{s})$$

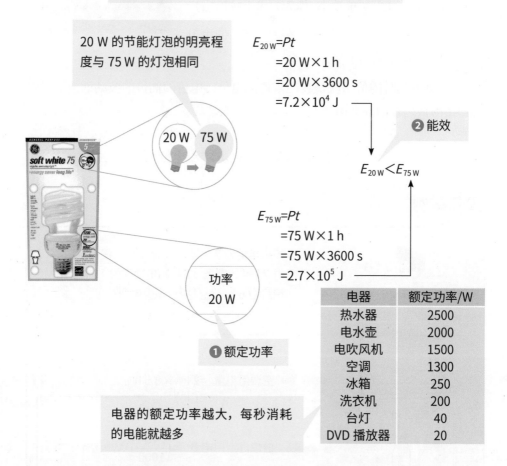

20 W 的节能灯泡的明亮程度与 75 W 的灯泡相同

$$
\begin{aligned}
E_{20\,\mathrm{W}} &= Pt \\
&= 20\,\mathrm{W} \times 1\,\mathrm{h} \\
&= 20\,\mathrm{W} \times 3600\,\mathrm{s} \\
&= 7.2 \times 10^4\,\mathrm{J}
\end{aligned}
$$

❷ 能效

$$E_{20\,\mathrm{W}} < E_{75\,\mathrm{W}}$$

$$
\begin{aligned}
E_{75\,\mathrm{W}} &= Pt \\
&= 75\,\mathrm{W} \times 1\,\mathrm{h} \\
&= 75\,\mathrm{W} \times 3600\,\mathrm{s} \\
&= 2.7 \times 10^5\,\mathrm{J}
\end{aligned}
$$

功率
20 W

❶ 额定功率

电器	额定功率/W
热水器	2500
电水壶	2000
电吹风机	1500
空调	1300
冰箱	250
洗衣机	200
台灯	40
DVD 播放器	20

电器的额定功率越大，每秒消耗的电能就越多

❶ 额定功率显示了用电器 1 s 内所消耗的电能。

额定功率为 20 W 的灯泡意味着该灯泡在 1 s 内将消耗 20 J 的电能。

❷ 这种节能灯泡的能效更高，因为它只使用 20 W 电，却与 75 W 的灯泡具有相同的明亮程度。

13.2 安全用电

家庭安全用电

- 常见的家庭电力安全设施

保险丝	<ul><li>保险丝是内嵌入电器中的安全装置，防止电流激增损坏电器</li><li>保险丝与火线相连，流经保险丝的电流过大时，保险丝将熔化并断开电路</li><li>电线越粗（横截面积越大），保险丝的额定电流越大</li><li>通常情况下，选用的保险丝的额定电流会略高于电器的额定电流</li><li>一般来说，保险丝的额定电流为 1 A、2 A、5 A、10 A 和 13 A</li></ul>
开关	<ul><li>其功能是断开电路</li><li>开关连接在火线上，关闭开关就能切断电源</li></ul>
插座和插头 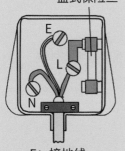 E：接地线 L：火线 N：零线	<ul><li>三孔插座上的三个长方形的孔呈三角形排列</li><li>地线插片插在插座顶部的孔中</li><li>地线插片比火线插片和零线插片长</li><li>较长的地线插片能够打开保险丝插头的盲板，使火线插片和零线插片能够插入插座下部的两个孔中</li><li>盲板是一种保护装置，防止意外接触火线</li><li>所有电路都由火线和零线组成</li><li>电流经过火线（棕色，高电压）从电源流到用电器</li><li>电流经过零线（蓝色，无电压）返回电源形成回路</li></ul>

接地线	<ul><li>尽管不是构成电路的必要条件，但在许多电器的插头中都能找到接地线（绿色和黄色）</li><li>接地线是用低阻值的导线将电器的金属外壳与接地装置相连的</li><li>接地线能将电流从火线转移到地面，保护我们不触电</li><li>如果电器没有接地线，电流在到达地面之前必将经过我们的身体，从而会引发触电，造成危险</li></ul>	
断路器	**微型断路器（MCB）**<ul><li>针对通过电路的大电流激增 (5~20 A) 的情况</li><li>能切断通过 MCB 连接的特定房屋电路的电力供应</li><li>可以通过重新打开开关按钮实现复位</li><li>然而，如果没有修理或调整故障电路，MCB 会再次跳闸</li></ul>	**漏电断路器 (ELCB)**<ul><li>针对火线到接地线间的小电流泄漏 (10~30 mA) 的情况</li><li>一旦 ELCB 在接地线中检测到少量漏电，就会跳闸并切断全屋供电</li><li>起因可能是旧电器的绝缘效果差</li><li>如果没有 ELCB，人们接触到漏电的电器的金属外壳，就会发生触电</li></ul>
双层绝缘	<ul><li>双层绝缘的电器不需要有接地线</li><li>第一层绝缘层在电线保护套中，与电器的内部元件绝缘</li><li>第二层绝缘层使内部金属元件与其外壳绝缘</li><li>大多数只有火线和零线的电器都有非金属外壳</li></ul>	

1. 下图是人体身高测量仪的电路简化图，R_0 是定值电阻，R 是滑动变阻器，电源电压不变，滑片会随被测身高的不同而上下移动。当开关闭合，被测身高增加时，电流表的示数_____，电压表的示数_____，定值电阻 R_0 消耗的功率_____。（均选填"变大""变小"或"不变"）

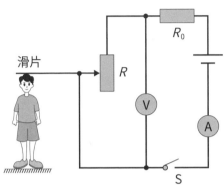

2. 如图所示的交通信号灯能够让红灯、黄灯、绿灯交替发光，则这三个灯泡的连接方式是_____联，三个灯泡上均标有"220 V，100 W"字样，则这三个灯泡正常工作一天（24 h）将消耗_____kW·h 的电能。

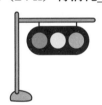

3. 小王的爸爸某天查看家里的电能表，看到电能表的情况如图所示。下列有关说法错误的是（　　）。

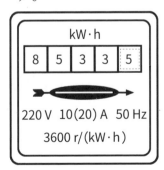

A. 该电能表的示数为 8533.5 kW·h
B. 小王家每消耗 1 kW·h 电，电能表上的转盘将转过 3600 圈
C. 该电能表应在频率为 50 Hz 的交流电路中使用
D. 该电能表所在电路用电器的总功率不能超过 2200 W

14.1 磁现象　磁场

 磁体与磁极

通过日常生活经验，我们知道磁铁可以吸引钉子、大头针等铁制品。如果物体能够吸引由铁、钴、镍等制成的物品，我们就说这个物体具有磁性。具有磁性的物体称为**磁体**。古人很早就认识到了物体的磁性，例如，诗人曹植有诗句"磁石引铁，于金不连"，东汉时期的《异物志》中记载"涨海崎头，水浅而多磁石，徼外人乘大舶，皆以铁锢之"。

磁铁的特性

磁铁矿

➡ ❶ 磁极

➡ ❷ 北极和南极

➡ ❸ 磁极间的相互作用规律

> 一种岩石，当自由漂浮或悬浮时，始终指向南北方向。磁铁矿的这一独特性质使其可以用于制作指南针。

❶ 磁极是磁效应最强的地方。

❷ 能够自由转动的磁体，例如悬吊着的磁针，静止时指北的那个磁极叫做北极或 N 极，指南的那个磁极叫做南极或 S 极。

❸ 同名磁极相互排斥，异名磁极相互吸引。

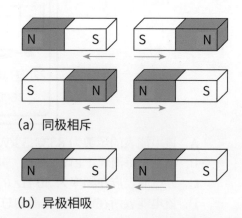

(a) 同极相斥

(b) 异极相吸

磁体周围的磁场

　　磁体的周围存在磁场，磁场是看不见、摸不着的，但它是确实存在着的。磁体之间的相互作用正是通过磁场发生的。

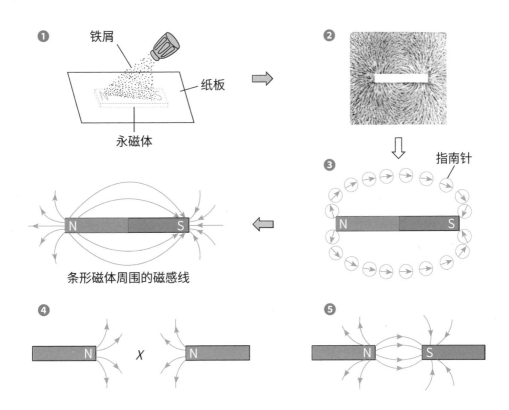

条形磁体周围的磁感线

❶ 可以借助铁屑来显示出磁体周围的磁感线。

　　将永磁体放在一块纸板下面，将铁屑撒在纸板上。

❷ 轻敲纸板数次，让铁屑重新调整位置。

❸ 磁场的方向（或**磁感线**）也可以通过在磁体周围放置许多

指南针来绘制。

❹ 两块磁极相同的磁体（北极相对）相互靠近，将形成一个**中性点 X**，该点的磁场强度为 0。

　　当把指南针放在 X 处时，指针可以指向任何方向。

❺ 两块磁极相反的磁体相互靠近，不会形成中性点。

14.2 电生磁

 载流导体周围的磁场

磁场

❶ 分布   ❷ 方向

→ 直线

→ 环形导线

→ 通电螺线管

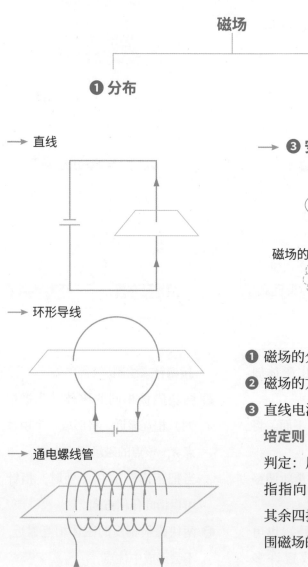

→ ❸ **安培定则**

电流

磁场的方向   电流的方向

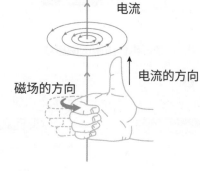

❶ 磁场的分布取决于导体的形状。

❷ 磁场的方向取决于电流的方向。

❸ 直线电流的磁场的方向可以用**安培定则**（也叫**右手螺旋定则**）来判定：用右手握住导线，使大拇指指向电流流动的方向，此时，其余四指所指的方向就是导线周围磁场的方向。

116   走进神奇的物理

环形导线电流和通电螺线管的磁场的方向都可以用另一种形式的安培定则判定：让右手弯曲的四指与环形导线（或通电螺线管）电流的方向一致，伸直的大拇指所指的方向就是环形导线（或通电螺线管）轴线上磁场的方向。

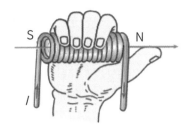

 ## 通电直导线周围的磁场

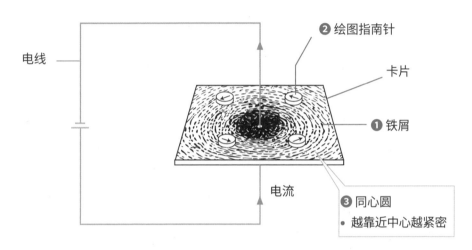

❷ 绘图指南针

电线

卡片

❶ 铁屑

电流

❸ 同心圆
• 越靠近中心越紧密

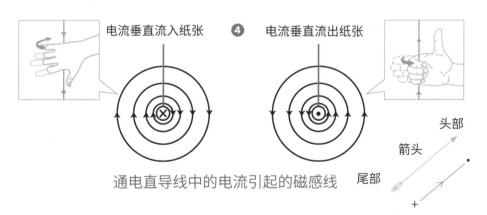

电流垂直流入纸张　　❹　电流垂直流出纸张

通电直导线中的电流引起的磁感线

头部

箭头

尾部

① 铁屑用来显示磁场的分布。

② 绘图指南针显示磁场的方向。

③ 磁感线在导线周围形成同心圆。越靠近导线的地方，磁感线越紧密。这表明离导线越近的地方磁场越强。磁场的强度随着与导线的距离的增加而减小。

④ 垂直流入纸张的电流用"×"表示，而垂直流出纸张的电流则用"●"表示。

通电螺线管周围的磁场

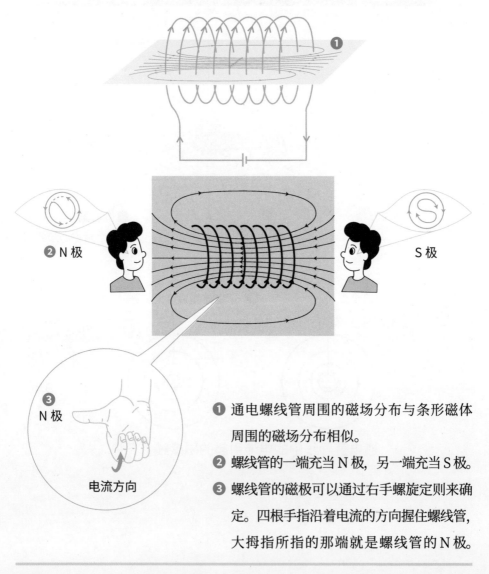

② N极

S极

③ N极

电流方向

① 通电螺线管周围的磁场分布与条形磁体周围的磁场分布相似。

② 螺线管的一端充当N极，另一端充当S极。

③ 螺线管的磁极可以通过右手螺旋定则来确定。四根手指沿着电流的方向握住螺线管，大拇指所指的那端就是螺线管的N极。

14.3 电磁铁

 电磁铁

　　说到电磁铁，我们可能会觉得有点陌生。但在我们的周围，其实存在着很多电磁铁，例如，在耳机里有两块磁铁，一块为永磁铁，另一块就为电磁铁。当音频电流流过耳机时，变化的电流就会让电磁铁产生变化的磁场，此时电磁铁与永磁铁相互作用，产生振动，发出声音。其实电磁铁，就是插入了铁芯的通电螺线管。

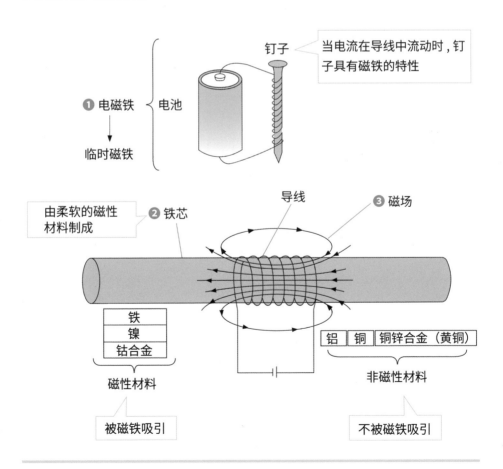

钉子

当电流在导线中流动时，钉子具有磁铁的特性

❶ 电磁铁 ── 电池

↓

临时磁铁

由柔软的磁性材料制成 ── ❷ 铁芯

导线　　❸ 磁场

| 铁 |
| 镍 |
| 钴合金 |

磁性材料

被磁铁吸引

| 铝 | 铜 | 铜锌合金（黄铜） |

非磁性材料

不被磁铁吸引

❶ 当线圈中有电流通过时，电磁铁就会产生磁性，当没有电流通过时，电磁铁就失去磁性。因此，电磁铁也被称为**临时磁铁**。

❷ **铁芯**是由铁等柔软的磁性材料制成的。

❸ 通电的导线将在其周围产生**磁场**。如果将导线缠绕在铁芯上，就会形成如上图所示的磁场。

 电磁铁的磁场强度

影响电磁铁磁场强度的因素

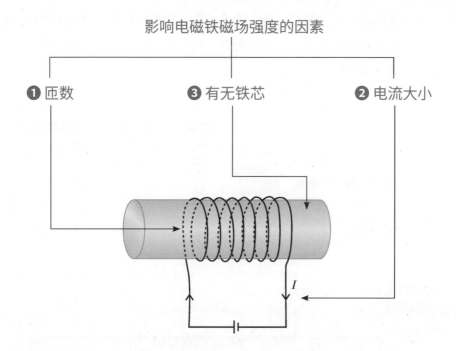

❶ 匝数　　❸ 有无铁芯　　❷ 电流大小

❶ 可以通过增加每单位长度的线圈**匝数**来增大磁场的强度。线圈匝数越多，电磁铁的磁场强度越大。

❷ 增大线圈中流动的**电流**可以增加磁场强度。电流越大，电磁铁的磁场强度越大。

❸ 同等条件下，插入铁芯，铁芯在磁场中被磁化后与线圈的磁场方向一致，可以加强磁场强度。

电铃

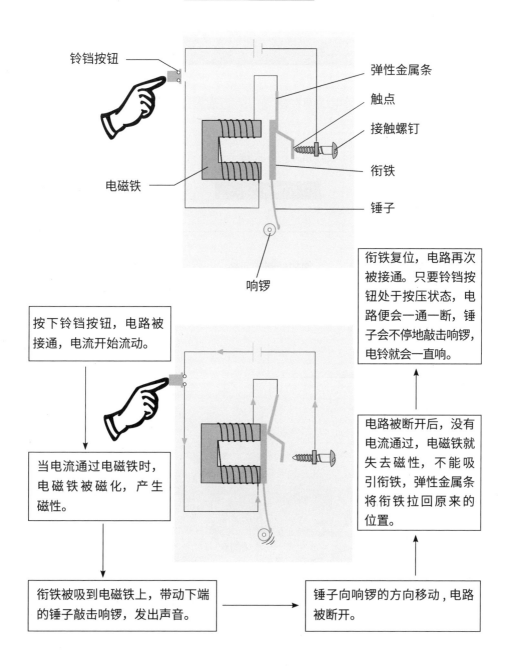

铃铛按钮

弹性金属条

触点

接触螺钉

衔铁

电磁铁

锤子

响锣

按下铃铛按钮，电路被接通，电流开始流动。

衔铁复位，电路再次被接通。只要铃铛按钮处于按压状态，电路便会一通一断，锤子会不停地敲击响锣，电铃就会一直响。

当电流通过电磁铁时，电磁铁被磁化，产生磁性。

电路被断开后，没有电流通过，电磁铁就失去磁性，不能吸引衔铁，弹性金属条将衔铁拉回原来的位置。

衔铁被吸到电磁铁上，带动下端的锤子敲击响锣，发出声音。

锤子向响锣的方向移动，电路被断开。

14.4 电动机

直流电动机

- 直流电动机是利用通电线圈在磁场中受力而转动的原理制成的，它能将电能转化为机械能。
- 旋转／转动的速度可以通过以下方式提高。

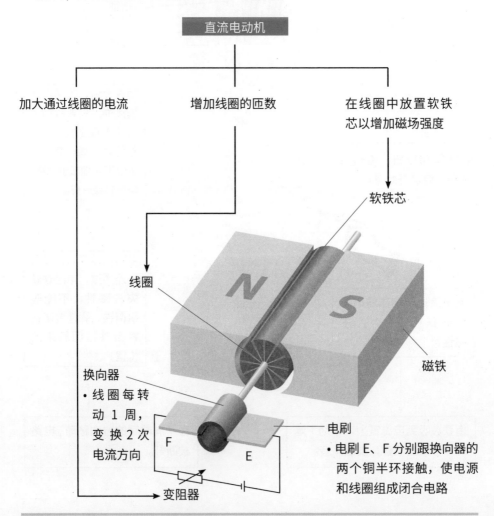

直流电动机

加大通过线圈的电流　　　增加线圈的匝数　　　在线圈中放置软铁芯以增加磁场强度

软铁芯

线圈

N　S

磁铁

换向器
- 线圈每转动 1 周，变换 2 次电流方向

电刷
- 电刷 E、F 分别跟换向器的两个铜半环接触，使电源和线圈组成闭合电路

F　E

变阻器

14.5 磁生电

直导线上的电磁感应

电磁感应是指闭合电路的一部分导体在磁场中做切割磁感线运动时产生电流的现象。电磁感应现象中产生的电流称为**感应电流**。

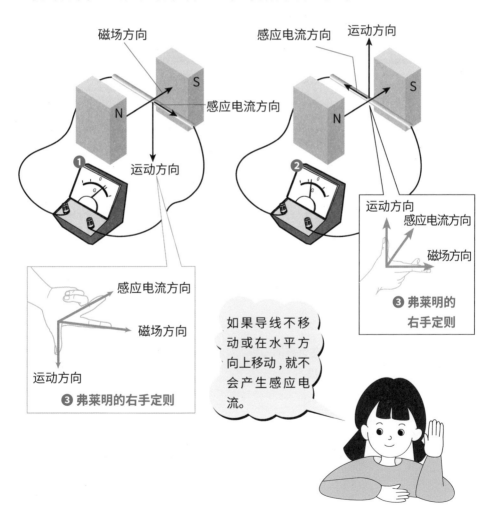

❶ 当导线在垂直方向上向下移动时，灵敏电流计的指针会向右偏转，这表明导线中有电流通过。因为这个电流是在导线切割磁感线（磁通量）时产生的，所以被称为感应电流。

❷ 当导线在垂直方向上向上移动时，感应电流的方向发生改变，此时灵敏电流计的指针会向左偏转。

❸ 感应电流的方向可以通过弗莱明的右手定则来确定。

弗莱明的右手定则

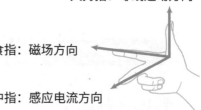

大拇指：导线运动方向

食指：磁场方向

中指：感应电流方向

螺线管中的电磁感应现象

楞次定律指出，在闭合电路中，感应电动势与感应电流的方向总是与磁通量的变化相反，即感应电流的磁场总要阻碍引起感应电流的磁通量的变化。

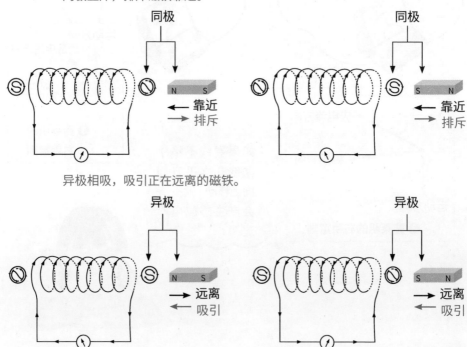

同极互斥，排斥磁铁靠近。

异极相吸，吸引正在远离的磁铁。

14.6 信息的传递

电磁波

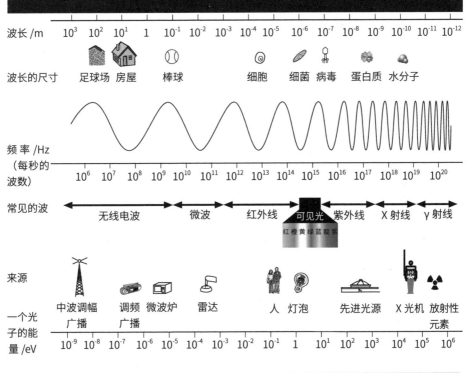

电磁波的有害影响

❶ **无线电波** 损伤人体细胞，引发偏头痛和头疼。

❷ **微波** 热效应造成人体内部损伤。

❸ **红外线** 可导致晒伤。

❹ **可见光** 可导致皮肤癌。

❺ **紫外线** 损害皮肤细胞，可导致皮肤癌，还可损伤眼睛，导致失明。

❻ **X 射线** 损伤细胞。

❼ **γ 射线** 可引发癌症和细胞变异。

❶ 微波链路

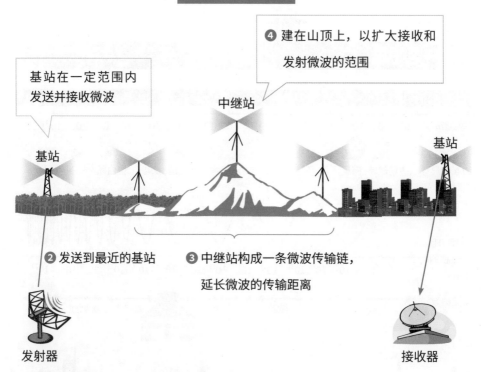

❹ 建在山顶上，以扩大接收和发射微波的范围

基站在一定范围内发送并接收微波

中继站

基站

基站

❷ 发送到最近的基站

❸ 中继站构成一条微波传输链，延长微波的传输距离

发射器

接收器

❶ **微波链路**是用在微波频率范围内的无线电波在地球上两个固定地点（基站）之间传输信息的通信系统。

❷ 从发射器发射的微波先被最近的基站接收，然后被这个基站传输到另一个基站，中途可能还需要经过一些中继站。

❸ 大约每隔 40 km 就有一个中继站，在基站之间形成了一条微波传输链，从而延长了微波的传输距离。

❹ 中继站一般设在高处，可能在山上，使得接收和发射微波的范围更广泛。

1. 如图甲所示的门禁系统越来越多地应用在小区的智能化管理中，其工作原理图如图乙所示。闭合图乙中的开关，则下列说法正确的是（　　）。

甲

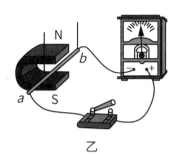
乙

    A. 门禁系统的工作原理与电动机的工作原理相同
    B. 门禁系统工作时将电能转化为机械能
    C. 图乙中导体 ab 上下运动时，灵敏电流计的指针会发生偏转
    D. 图乙中的磁体左右运动时，灵敏电流计的指针会发生偏转

2. 我国的第三艘航空母舰"福建舰"采用自行研制的电磁弹射器。电磁弹射器的弹射车与舰载机的前轮连接，并处于强磁场中，当弹射车内的导体中通过强电流时，弹射车受到强大的推力，带动舰载机快速起飞。下列四幅实验装置图中能够反映电磁弹射器工作原理的是（　　）。

A.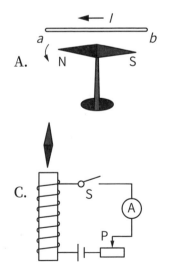

B.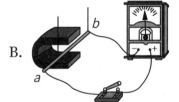

C.

D.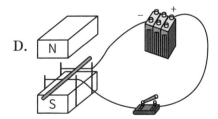

学以致用参考答案

第一章　声现象

1. D　　提示：选项 A，蝙蝠利用超声波定位，说明声波可以传递信息；选项 B，倒车雷达利用超声波探测障碍物，也是说明声波可以传递信息；选项 C，利用超声波清洗眼镜等精密仪器，说明声波可以传递能量；选项 D，闹钟在抽气的玻璃罩内振动，但听到的声音越来越弱，这是因为玻璃罩内的空气逐渐被抽出时，传声介质越来越少，所以传声效果越来越不好，这说明声音的传播需要介质，故选项 D 符合题意。

2. A　　提示：一般来说，声音在固体中的传播速度最快，在液体中次之，在气体中传播速度最慢。士兵利用声音在土地中的传播速度比在空气中快的特点，可以提前听到来袭的敌人的马蹄声，以便做好准备。

3. 1.5×10^3　　提示：光运动 4.5 km 所用的时间 $t = \dfrac{s}{v} = \dfrac{4.5 \times 10^3 \text{ m}}{3 \times 10^8 \text{ m/s}} = 1.5 \times 10^{-5}$ s，时间很短，可以忽略不计，所以从看到烛光到听到钟声，间隔的时间大约等于声音传播所用的时间，因此 $v_{声} = \dfrac{s}{t} = \dfrac{4.5 \times 10^3 \text{ m}}{3 \text{ s}} = 1.5 \times 10^3$ m/s。

第二章　光现象

1. (1)(2) 如下图所示。(3) 入射角和反射角均为50°。

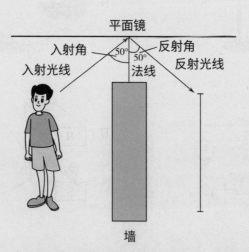

2. (1)从昆虫正下方的位置喷出水柱,是因为这时入射角为0°,折射角也为0°,瞄准昆虫时,鱼就不会受到光的折射的影响,瞄准是准确的,可以直接打掉昆虫。

(2)不能。因为光的折射的影响,鱼看到的是昆虫的虚像,不是昆虫实际所处的位置,因此不能打掉树上的昆虫。

第三章　透镜及其应用

1. A　　提示:矿泉水瓶呈圆柱形,两边薄、中间厚,相当于凸透镜,有会聚光线的作用。

2. B　　提示:选项A,人脸不会发光,故人脸不是光源;选项B,摄像头相当于一个凸透镜,人脸经摄像头会成倒立、缩小的实像,与照相机的成像特点相同;选项C,人脸经摄像头成像利用的是光的折射原理,而平面镜的成像原理是光的反射;选项D,当 $u > 2f$ 时,凸透镜成倒立、缩小的实像,所以"刷脸"时人脸应位于摄像头两倍焦距之外。

3. 缩小; C　　提示:因为汽车的摄像头相当于凸透镜,对于远处的物体,物距应大于两倍的焦距,故成倒立、缩小的实像。凸面镜应用较为广泛,利用其对光发散的原理,可以扩大视野,从而更好地注意到后方车辆和转角处的情况, A、B、D 看不到转弯处的车子,只有 C 符合题意。

第四章　物态变化

1. D　　提示:用示数是 38.5 ℃的体温计去测量 36.5 ℃的人的体温时,由于体温计没有甩,水银柱不会下降,所以示数仍为 38.5 ℃;但去测量 39.5 ℃的人的体温时,水银柱可以继续升高,所以示数会变为 39.5 ℃。

2. B　　提示:选项A是凝固现象;选项B是液化现象;选项C是液化现象;选项D是凝华现象。

3. D　　提示:选项A,降低温度会使蒸发变慢;选项B,减小了蒸发面积,降低了蔬菜表面空气流动速度，会使蒸发变慢；选项 C，减小了蒸发面积，降低了农田表面空气流动速度，会使蒸发变慢；选项 D，增大了蒸发面积，升高了温度，可以使蒸发变快。

4. 汽化　提示：物质由液态变成气态的过程是汽化，汽化吸热，液态二氧化碳在制冰管中汽化，吸收热量，使水结冰，并使冰面保持一定的温度。

第五章　热和能、能源

1. D　提示：选项 A，汤上面没有冒"热气"是因为上面有一层油膜，不是汤的温度低；选项 B，热量是过程量，不能说"含有"，米线放入汤中后吸收热量，是因为汤比米线的温度高；选项 C，米线香气四溢说明扩散可以在气体中进行，实际上固体、气体、液体中都可以发生扩散现象；选项 D，米线放入汤中后，吸收热量，温度升高，直到煮熟，在这个过程中是通过热传递的方式改变了米线的内能。

2. B　提示：选项 A，因为水的比热容大，与相同质量的土壤相比，放出相同热量后，水降温慢，故可以防止秧苗被冻坏；选项 B，洒水后，水会蒸发，蒸发时水从周围吸热而降低周围环境的温度，不是利用水的比热容大的特点；选项 C，城市修建人工湖，使水的覆盖面积增大，因为水的比热容大，相同质量的水和其他物质，吸收相同的热量，水的温度升高得少，可以减弱"热岛效应"；选项 D，因为水的比热容大，相同质量的水和其他物质，升高相同的温度，水吸收的热量多，所以汽车发动机的冷却循环系统用水作冷却剂。

3. 太阳，电；一次能源　提示：目前直接利用太阳能的方式主要有两种，一种是用集热器把水等物质加热，另一种是用太阳能电池把太阳能转化成电能。一次能源是指可以从自然界直接获取的能源，二次能源是指无法从自然界直接获取，必须由一次能源经过加工、转化才能得到的能源，太阳能可以从自然界直接获取，属于一次能源。

第六章　机械运动、质量与密度

1. 在此路段行驶的最大速度为 40 km/h；10　提示：标示牌上"上桥

15 km"表示从此处到"上桥"的路程 s=15 km=15000 m，这段路程用时 t=25 min=1500 s，则汽车的速度 $v=\dfrac{s}{t}=\dfrac{15000\ \text{m}}{1500\ \text{s}}$=10 m/s。

2. 不变；变小　　提示："太空圆珠笔"采用密封式的气压笔芯，上部充有氮气，书写过程中，依靠气体的压力将墨水推向笔尖，由于氮气没有减少，所以笔芯内氮气的质量不变，但氮气的体积变大，所以氮气的密度变小。

3. 先用天平测量戒指的质量 m，再往量筒中倒入一些水，记录初始的体积 V_1。将戒指用细绳系住，轻轻地用细绳吊着戒指放入量筒中，确保戒指完全浸没在水中，且水不溢出，记录此时的体积 V_2，那么这枚戒指的体积 V 就为 V_2-V_1。用戒指的质量 m 除以戒指的体积 V，就得到了戒指的密度。如果计算出的密度小于或大于 19.3 g/cm^3，那么这枚戒指就不是由纯金制成的。

第七章　运动和力

1. AC

2. B　　提示：选项 A，若教室内的摩擦力消失，则物理课本与课桌之间没有摩擦力，轻轻一吹，课本就可飞出去；选项 B，人行走是依靠脚与地面之间的摩擦产生相对运动，若教室内没有摩擦力，则到讲台上演算的同学就无法轻松地行走，故 B 不可能发生；选项 C，老师在黑板上板书是依靠粉笔与黑板之间的摩擦，若失去摩擦力，黑板上的粉笔字就会消失；选项 D，用笔在物理课本上做笔记是依靠笔与课本之间的摩擦，没有摩擦力就无法做笔记。

3. 重力方向是竖直向下的，只要墙壁与悬挂重物的细线重合或平行，就标志着墙壁是竖直的。

第八章　压强

1. （1）每只细高跟鞋的鞋跟对地面的压力 $F_1=\dfrac{1}{2}\cdot G_1=\dfrac{1}{2}m_1g=\dfrac{1}{2}\times$ 45 kg×10 N/kg=225 N，每只细高跟鞋的鞋跟给地面施加的压强

$p_1 = \dfrac{F_1}{S_1} = \dfrac{225\ \text{N}}{0.01\ \text{m}^2} = 22500\ \text{Pa}$。 (2) 大象的每只脚对地面的压力 $F_2 =$ $\dfrac{1}{4} \cdot G_2 = \dfrac{1}{4} m_2 g = \dfrac{1}{4} \times 3000\ \text{kg} \times 10\ \text{N/kg} = 7500\ \text{N}$，每只脚给地面施加的压强 $p_2 = \dfrac{F_2}{S_2} = \dfrac{7500\ \text{N}}{0.4\ \text{m}^2} = 18750\ \text{Pa}$。 (3) 因为这位女士的每只细高跟鞋的鞋跟给地面施加的压强大于这头大象的每只脚给地面施加的压强，所以被这位女士的细高跟鞋踩到更痛。

2. ❶ 流体的流速越大，压强越小

❷ 列车开动时，会带动列车周围的空气流动。列车通过站台时，如果旅客离列车太近，旅客靠近列车的一面与列车之间的空气流速大，压强小，而另一面离列车较远，故空气流速小，压强大。由于压强差，旅客会被空气从压强大的地方压向压强小的地方，从而造成被列车"吸入"的危险。

第九章　浮力

1. D　提示：选项 A，图甲中，鸡蛋下沉至容器底部，受重力、浮力和支持力的作用，分析可知 $G = F_浮 + F_支$，所以鸡蛋所受的重力大于烧杯对它的支持力；选项 B，图乙中，鸡蛋悬浮在盐水中，所受浮力等于自身重力；选项 C，图丙中，鸡蛋漂浮，$F_浮 = G_排 = G_蛋$，所以 $m_排 = m_蛋$；选项 D，由图甲可知，鸡蛋沉底，则 $F_甲 < G_蛋$，由图乙、丙可知，$F_乙 = F_丙 = G_蛋$，因此在图甲、图乙、图丙三种情况下，鸡蛋所受的浮力 $F_甲 < F_乙 = F_丙$，只有选项 D 错误。

2. (1) 表层海水的温度越高，表层海水的密度越小

(2) 远洋轮船在不同水域及不同季节，表层海水的密度不同，轮船满载时，都是漂浮，所受浮力不变，即 $F_浮 = G_物$，根据阿基米德原理 $F_浮 = \rho_液 g V_排$ 可知，浮力不变，液体密度越大，排开液体的体积越小，所以在不同水域及不同季节轮船满载时的"吃水线"不同。

(3) 下方　提示：同一水域，冬季的温度比夏季的温度低，海水密度大，根据 $F_浮 = \rho_液 g V_排$ 可知，浮力不变，液体密度越大，排开液体的体积越小，因此，该轮船满载时，冬季"吃水线"在夏季"吃水线"的下方。

第十章　功和机械能、简单机械

1. 费力；40　　提示：由图乙可知，碓的动力臂小于阻力臂，是费力杠杆。1 min 内人克服碓的重力做的功 $W=Gh=mgh=20 \text{ kg} \times 10 \text{ N/kg} \times 0.6 \text{ m} \times 20=2400 \text{ J}$，人克服碓的重力做功的功率 $P=\dfrac{W}{t}=\dfrac{2400 \text{ J}}{60 \text{ s}}=40 \text{ W}$。

2. 动能；一定　　提示：当左边的男演员跳下时，重力势能转化为动能，当男演员落在跷跷板上时，动能由左边的男演员转移到右边的女演员，女演员获得动能，在女演员上升的过程中，动能转化为重力势能，在整个过程中，能量始终守恒，所以最终女演员落下时，她的重力势能全部来自左边的男演员的重力势能。

由于右边的女演员上升的高度大于左边的男演员起跳时的高度，因此男演员的质量一定比女演员的质量大。

第十一章　电流和电路

1. 吸引轻小物体；失去　　提示：摩擦过的镜面带正电，说明镜子带有多余的正电荷，镜子失去电子。

2. B　　提示：由题意可知，感应开关 S_1 只控制绿灯，感应开关 S_1 应与绿灯串联；感应开关 S_2 只控制红灯，感应开关 S_2 应与红灯串联。因为绿灯和红灯工作时互不影响、独立工作，所以绿灯与红灯并联。

3. D　　提示：选项 A，钥匙 1 闭合时，电源短路，会烧坏电源；选项 B，钥匙 1 和钥匙 2 并联，电动机在干路上，闭合任意一把钥匙，电动机都可以工作，大门开启；选项 C，钥匙 1 闭合，电动机工作，大门开启；再闭合钥匙 2，电动机短路，同时电源短路；选项 D，电动机和两把钥匙串联，只有两把钥匙都闭合时，电动机才能工作，大门开启。

第十二章　电阻、欧姆定律

1. B　　提示: 当烟雾浓度增大时, R 的电阻值变小, 要使通过电铃的电流增大, 则 R 与电铃应串联在电路中, 故选项A、C不符合题意; 选项D, R 与电铃串联, 当烟雾浓度增大时, R 的电阻值变小, 电路的总电阻也变小, 电路中的电流变大, 但电压表测的是电源的电压, 其示数保持不变, 不能显示浓度的变化, 故选项D不符合题意; 选项B, R 与电铃串联, 电压表测的是电铃两端的电压, 当烟雾浓度增大时, 电路中的电流变大, 电铃两端的电压也变大, 符合发声报警要求。

2. (1) 由电路图可知, 当只闭合 S_1 时, 电路为灯泡 L_1 和 L_2 的串联电路, 灯泡 L_3 没有接入电路, 所以灯泡 L_1、L_2 发光, 灯泡 L_3 不发光, 电压表 V_1 测量灯泡 L_1 两端的电压, 电压表 V_2 测量灯泡 L_2 两端的电压, 根据串联电路中电压的规律, 电源电压 $U=U_1+U_2=6$ V+4 V=10 V。

(2) 当 S_1、S_2 和 S_3 都闭合时, 电路为灯泡 L_2 和 L_3 的并联电路, 灯泡 L_1 被短路, 所以灯泡 L_2、L_3 发光, 灯泡 L_1 不发光, 电压表 V_1 测量灯泡 L_1 两端的电压, 示数为0, 电压表 V、V_2 测量电源两端的电压, 示数为10 V。

此时电路的等效电路图如右图所示。

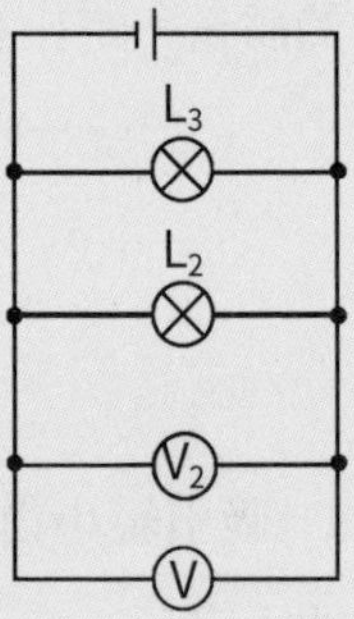

第十三章　电功率

1. 变大, 变小, 变大　　提示: 由电路图可知, 定值电阻 R_0 与滑动变阻器 R 串联接入电路, 电压表测的是滑动变阻器两端的电压, 电流表测的是电路中的电流。当被测身高增加时, 滑动变阻器的电阻丝接入电路的长度变短, 电阻值变小, 则电路中的总电阻变小, 电路中的电流变大, 即电流表的示数变大; 电路中的电流变大, 因此定值电阻 R_0 两端的电压也变大, 根据串联电路中总电压等于各分电压之和, 可知滑动变阻器两端的电压变小, 即电压表的示数变小; 通过定值电阻 R_0 的电流变大, 而定值电阻 R_0 的电阻值不变,

根据 $P=I^2R$，可知定值电阻 R_0 消耗的功率变大。

2. 并；2.4　　提示：红灯、黄灯、绿灯交替发光，且各自独立工作、互不影响，因此这三个灯泡的连接方式是并联。同一时间始终只有一个灯泡在工作，且不间断，消耗的电能 $W=Pt=100\times10^{-3}\,kW\times24\,h=2.4\,kW\cdot h$。

3. D　　提示：该电能表的额定电压为 220 V，额定最大电流为 20 A，则电路中用电器的总功率不能超过 $P=UI=220\,V\times20\,A=4400\,W$，故选项 D 错误。

第十四章　电与磁、信息的传递

1. D　　提示：选项 A、B，由图乙可知，门禁系统的工作原理是电磁感应现象，将门禁卡靠近读卡器时，读卡器中会产生感应电流，将机械能转化为电能，其工作原理与发电机的工作原理相同，故选项 A、B 错误。选项 C，导体 ab 上下运动时，没有切割磁感线，不会产生感应电流，因此灵敏电流计的指针不会发生偏转，故选项 C 错误。选项 D，磁体左右移动时，导体切割磁感线，会产生感应电流，因此灵敏电流计的指针会发生偏转。

2. D　　提示：电磁弹射器的弹射车与舰载机的前轮连接，并处于强磁场中，当弹射车内的导体中通过强电流时，即可受到强大的推力。由此可知其原理是通电导体在磁场中受力而运动，即其原理与电动机相同。只有选项 D 符合题意。